First edition

미용학개론

서은혜 · 심정묘 · 이영미 · 최영희 · 하성이

청구문화사

머리말

인류가 생겨난 이래 아름다움을 추구하고자 하는 인간의 본능은 문화를 탄생시켰으며, 현대에 이르러서 생활수준이 향상되면서 건강과 웰빙에의 욕망, 그리고 원만한 사회활동을 위해 자신의 외모에 많은 관심을 가지게 되면서 미(美)를 추구하는 방식과 인식 등도 다양한 형태로 발전되어 가고 있다.

미용은 과학적 이론을 근거로 얼굴, 피부, 두발과 손, 발톱의 상태를 개선하고 아름답게 미화시키는 예술이다. 또한 미용은 문화를 창조하는 개념으로서도 이해되고 있다. 최근 들어 국가정책으로 뷰티산업을 정책화하는 등 뷰티에 대한 인식이 하루가 다르게 필요성이 인지되고 있다. 그에 따라 뷰티산업에 종사하는 많은 이들이 테크닉뿐 아니라 이론적 지식을 수반함으로써 전문인력으로서 확고한 자리매김을 하고 있다. 따라서 본 서(序)에서는 헤어, 메이크업, 피부미용, 네일아트 등 각 분야의 개론을 다룸으로써 미용을 학습하는 많은 학생들에게 전문가로서의 역량을 쌓는데 도움을 주고자 한다.

이 책은 크게 6부로 나누어져 있다. 1부에서는 미용의 전반적인 이해를 돕기 위한 미용의 정의 및 역사, 기원, 한국과 서양의 미용사를 살펴보고 2부에서는 과학적 이론에 근거한 피부의 구조와 부속기관 등을 기초로 안면과 바디관리 등의 관리방법과 미용기기에 대하여 서술하였고, 3부에는 헤어도구와 기기, 모발의 생리학적 이론과 두피손질, 헤어컬러링, 퍼머넌트 웨이브, 커트, 업스타일 등 헤어의 과학적 이론 및 테크닉에 대해 다루었다. 4부에서는 메이크업에 대한 전반적인 이해로 색채학 이론과 메이크업의 정의 및 역사, 얼굴 형태 등을 분석하고 장르별 메이크업의 각 분야를 살펴본다. 5부에서는 코디네이션의 형태와 종류, 체형에 따른 단점을 보완하는 코디네이션 방법을 소개하고 있다. 6부에서는 네일 위생와 네일서비스 등을 다루었다.

미용을 공부하는 학생들에게 꼭 필요한 지식을 가능하면 빠짐없이 알기 쉽게 서술하고자 노력하였음에도 미흡한 부분은 지속적인 연구를 통해 수정, 보완할 것이다. 이 책을 쓰는데 많은 도움을 주신 도서출판 청구문화사 관계자 여러분께 감사드리며, 끝으로 미용을 공부하는 학생들에게 이 책이 미용학의 이론적 체계와 지식의 보고가 되는 초석이 되기를 소망한다.

2010년 저자 일동

Contents

6편 네일아트 / 271

1편

미용문화사

(A History of Beauty Cuture)

미용의 개요

1. 미용의 정의

1) 메이크업

메이크업(Make-up)이란 용어가 최초로 사용된 시기는 16세기로, 세익스피어의 희곡에서 페인팅(Painting)이라는 용어로 사용되기 시작하였고 17세기 초에는 영국의 시인 리처드 크러쉬(Richard Crashou)가 최초로 여성의 매력을 높여주는 행위로 메이크업이란 단어를 사용하였다.

메이크업(Make-up)의 사전적 의미는 '보완하다', '완성시킨다'라는 뜻으로 결점을 커버하고 장점을 더욱 더 아름답게 보이도록 꾸미고 매만지는 행위를 뜻한다.

토일렛(Toilet)은 뜨왈렛트(Toilette)가 1510년경 영국에 전해지면서 변한 말로서 화장을 포함한 치장 전반을 가리킨다.

마뀌아쥬(Maquillage)는 프랑스어로 원래는 분장을 뜻하는 연극 용어이다.

2) 피부미용

피부미용(Esthetic)은 물리적·화학적인 방법을 이용하여 피부의 생리기능을 높이고 신진대사를 활성화시켜 아름답고 건강한 피부를 유지시켜주는 것을 말한다.

또한 인체의 모든 기능을 정상적으로 유지·증진시키는 과정으로 피부와 근육에 피부미용기술을 행하는 것으로, 학문적 이론을 바탕으로 수작업과 피부미용기기를 이용하여 인체를 아름답게 하는 전신미용술이다.

• 에스테틱(Esthetic, Aesthetic) : 독일의 '바움가르텐(Baumgarten, 1714~1762)에 의해 처음 사용되었으며, 1742년에는 프랑크푸르트에서 미학이 강의 되었고, 1750년에는 미학(Aesthetic) 저서가 만들어졌다.
  피부미용의 의미상 용어로는 피부관리, 에스테틱, 코스메틱, 스킨케어 등으로 현재 다양하게 불리운다.

- 에스테틱(Esthetic, Aesthetic) : 프랑스어인 'Esthetique'에서 유래되었으며 '미', '심미적인', '미학'이라는 의미를 내포 할 뿐만 아니라, '손질하다', '처치하다'라는 의미를 지니고 있어 오늘날 피부미용의 의미로 사용되고 있다.
  코스메틱(Cosmetic) : 우주(Cosmos)를 의미하는 고대 그리스어인 'Kosmos'에서 유래되었으며, '우주의 질서'를 의미하며, 아름답게 조화된 질서의 한 분야로 인간의 미와 건강에 대한 신체관리를 통해 실천한다는 개념을 담고 있다.
  - 독일 : Kosmetik
  - 영국 : Cosmetic
  - 미국 : Skin Care, Aesthetic
  - 프랑스 : Esthetique
  - 우리나라 : 피부관리

피부미용에 종사하는 사람 또는 화장품과 관련된 일을 하는 사람을 영국에서는 '코스메티션(Cosmetician)', 미국에서는 '에스테티션(Esthetician)', 독일에서는 '코스메티커린(Kosmetikerin)'이라 부르며, 우라나라에서는 '피부관리사'로 부른다.

2. 미용의 동기

1) 신체보호설

인간의 피부를 보호하기 위해 시작되었다는 학설로 추위나 더위로부터 신체를 보호하기 위한 환경적응설과 외부의 여러 위험요소로부터 신체를 보호하기 위한 신체보호설이 있다.

인간은 신체적으로 힘이 약하고 피부도 약하여 자연으로부터 신체를 보호할 만한 수단을 지니고 있지 않기 때문에 생존을 위해 보호 수단을 찾으려고 노력하였다. 피부는 인체를 덮고 있는 중요한 역할을 하며, 외부의 물리적 · 화학적 · 세균적 자극으로부터 보호하는 기능이 있다.

후한서에 의하면 읍루와 말갈족이 피부미용과 동상을 막기 위해 겨울에 돼지기름을 발랐다는 기록을 총해 화장의 이유를 알 수 있다. 또한 피부미용을 위해 오줌으로 세수를 하였다는 기록도 있다.

덥고 건조한 열대 지방에서는 태양열로부터 신체를 보호하기 위해 미용이 발달하였는데 이집트인들은 머리털을 짧게 깍거나 아주 밀어버리고 가발을 썼다. 특히 여자들은 여러 가지 향유를 사용하여 노출 된 피부를 손질한 것을 볼 수 있다.

그 외에는 독충으로부터 인간을 위협하고 수렵활동에서도 항상 위험이 있었다. 따라서 이러한 위험으로부터 신체를 보호하기 위해서 미용이 필요하였다.

2) 심리적 보호설

인간은 정신적인 '미(beauty)'를 가꾸는 것을 통해 자신감과 긍정적 자아인식을 갖게 된다. 또한 인간은 두려움에서 벗어나 심리적 안정감이니 만족을 얻으려는 욕구가 중요한 동기로 작용한다. 마슬로우에 의하면 인간의 가장 원초적인 욕구는 음식, 수면, 성과 같은 생리적 욕구와 안전에 대한 욕구 이며 이것이 충족되면 소속감, 사랑 등의 사회적 욕구를 추구하게 된다.

3) 정숙설과 비정숙설

정숙설은 수치설로 신체의 일부를 가리기 위해 사용되었다는 학설로 이것은 시대, 종족, 문화권, 가치관 등에 따라 다르다.

비정숙설은 성차설로 관심을 끌기 위해 매력을 끄는 부위로 주의를 집중시키고자 한 것이다.

4) 신체장식설

인간이 신체를 꾸며 아름다워지고자 하는 욕구에 의해 미용이 생겼다는 학설이다. 이 학설에는 상징설, 심미설 등으로 분류할 수 있다. 상징설은 인간의 힘, 용기, 능력, 등을 과시하기 위한 행위에서 발생되었다는 것이다. 이것에는 트로피즘, 테러리즘, 토테미즘 등이다. 심미설은 아름다워지고자 하는 본능적인 욕구에서 시작되었다는 설로, 신체 장식방법에는 상흔, 문신, 채색, 제거, 변형 등이 있다.

3. 인간에게 미용이란 무엇인가?

인간과 미용의 관계를 생각해볼 때 가장 부각되는 것은 몸매 가꾸기(장식)의 본능적 욕구로 인간이 몸매를 가꾸려고 하는 본능적 욕구는 인류학적 측면에서 3가지로 생각해 볼 수 있다.

1) 변신하고 싶은 욕망

인간은 현상이나 현실에 만족하지 않고 더 나은 것을 추구하고자 하는 욕망은 발전을 가져왔고, 자신들의 무력함을 커버하여 적극적으로 싸워나갔다. 예를 들어 아프리카 등지에서 얼룩말처럼 신체장식을 하기도 하였고, 바디페인팅을 하고, 물로 씻겨나가면 문신을 하고, 문양을 만들어 상흔을 행하여 자신의 외관을 변화시켜나가 보다 나은 방향으로 변신하고 싶어한다. 이런 방법으로 미용이 사용되었다고 볼 수 있다.

2) 불안의 해소

인간은 불안한 존재를 이것으로부터 벗어나기 위해 몸매 꾸미기를 필요로 했다는 것이다. 사람들은 초 자연력이나 신의 가호를 기원하기 위해 일상과는 다른 몸매 꾸미기를 통해 미용을 하나의 수단으로 사용하고 있다. 몸매 꾸미기는 권위, 지위, 상징 등의 표현으로 불안하지 않은 자기를 외관을 보여주고자 장식한다.

3) 에로스를 필요로 하는 인간문화

인간은 이성 혹은 그 누군가의 관심을 끌고 싶어하는 필요성을 느끼며 살아가고 있다. 정도의 문제는 있으나 항상 우리들의 삶에서 감도는 것으로 특히 화장을 하거나 몸매를 가꾸는 것을 통해 더 알 수 있다.

미용 문화사

1. 한국의 미용 문화사

1) 상고시대

우리나라는 기원전 10세기경의 신석기에 무문토기를 사용하는 새로운 주민이 만주와 한반도에 정착하여 청동기 문화를 시작하였다. 철기시대는 고조선 후기부터 낙랑과 함께 부여, 옥저, 마한, 진한, 변한 등 여러 연맹국이 성장하였다.

삼국지 위지 동이전에 보면 당시의 복식형태를 알 수 있는데 '이 나라에서는 흰색 옷을 입었는데 넓은 소매로 된 포와 고를 입었고, 신은 가죽으로 만들어 신었으며 나라 밖으로 나갈 때는 그림이나 수를 가하고 금직이나 모직류의 옷을 입었다.'는 기록이 있다. 예조에서는 그 당시 곡령형태의 복식을 입은 것과 머리장식이 화려했음을 보여주고 있다. 우리나라 복식의 기본구조는 북방계 호복으로 유(儒), 고(袴), 상(裳), 포(袍) 등으로 활동이 편한 전개형 의복이다.

그림 2-1 상투머리, 낙랑 채협총 출토

- 단군신화를 통해 보면 고조선은 백의민족의 청결사상과 흰 피부에 대한 숭상이 아주 높아 고대로부터 백색을 선호했음을 알 수 있다. 즉, 단군신화의 기록에 쑥과 마늘을 복용했다는 기록이 있는데, 이는 쑥과 마늘에 미백효과가 있으므로 흰 피부를 위해 행해졌다.
- 삼한시대에는 남성들이 미적욕구의 한 표현으로 문신을 행했으며, 마한과 변진에서도 장식을 위한 원시화장을 하여 신분을 구별하는 수단으로 사용되기도 하였다. 겨울에는 돼지기름을 발라 추위를 견뎠는데 이것은 피부를 부드럽게 할 뿐만 아니라 동상을 예방하고 피부를 희게 하는 성분도 있었다. 특히 말갈인들은 피부를 희게 하기 위해 오줌으로 세수를 하기도 하였다. 그리고 고조선 사람들은 채화칠협을 통해 피부미용과 장식에 대한 관심을 나타내고 있다.

기원전 3,898년 환웅천왕 거발환은 남녀와 부자, 군신을 명확히 구분하였는데 성인 남자는 상투를 하고 미혼 남자는 머리카락을 풀어 헤치는 모습을 하였다. 해동역사에서는 '삼한의 부인은 머리를 얹고 나머지는 늘어뜨리거나, 말아서 뒤에 드리운다'라고 하였다.

고조선시대에는 뼈비녀와 유물 등을 통해 미용에 대한 증거를 유추해 볼 수 있는데 4,000년 전에는 쪽진 머리와 상투 머리를 한 것으로 나타났다. 그리고 삼한시대에는 수장들이 상투를 틀고 노예들은 머리를 깎는 머리형의 변화가 많았던 시기로 후한서와 신당서에서도 미용에 대한 개념이 존재했음을 보여주었다.

2) 삼국시대

(1) 고구려

고구려는 한반도의 가장 북방인 압록강 북쪽에서 국내성을 수도로 정하고, 만주지역과 한반도 북부에 걸쳐 강력한 국력을 떨쳤으며, 수·당 등 외세로 부터 방파제 역할을 하였다. 고구려 문화는 정열적이고 웅장한 장엄의 미를 지녔으며, 외래요소의 다양한 모습을 지녔다.

사회적 조건은 정치, 경제, 종교 등의 여러 복합적인 요인으로 인해 복식문화가 매우 다양했다. 복식의 기본형은 상, 하의가 구분된 전개형으로 북방계 복식형태이다. 기본구조는 상의 유(襦)와 하의 고(袴), 머리수건 형식의 건(巾)과 신발인 화(靴)나 이(履)를 신었다.

- 무용총 수렵도 : 고구려인의 생활 모습을 알 수 있는데, 기본적으로 활동적이고 무풍적인 유, 고의 형태를 착용하였다. 여자들은 고(袴) 위에 주름진 상(裳)을 덧입고 그 위에 포(袍)를 입었는데 유(襦)와 포(袍)에는 선을 둘렀고 대를 매었다.

1. 관모(冠帽)
2. 유(肆)
3. 포, 삼(袍, 衫)
4. 대(帶)
5. 선(襈)
6. 고(袴)
7. 화, 이(靴, 履)
8. 조영(組纓)
9. 좌임(左衽)

1. 건(巾)
2. 이식(耳飾)
3. 영주(瓔珠)
4. 유(肆)
5. 선(襈)
6. 군(裙)
7. 발양(髮樣)
8. 우임(右衽)

그림 2-2 삼국시대 남녀복식의 기본형

· 수산리 고분벽화 : 귀부인의 색동치마를 볼 수 있는데 이것은 일본의 다까마쓰쓰까에서도 볼 수 있어서 한반도에서 일본으로 전해진 것임을 알 수 있다.

그림 2-3 고구려 수산리 고분벽화
귀부인의 뺨과 입술이 연지로 화장 되어있다.

화장문화는 여인상과 벽화와 초상화속에서 볼 수 있는데, 수산리 고분벽화에서는 귀부인과 시녀들이 연지 곤지 화장을 하고 눈썹을 다듬은 모습을 하고 있다. 그리고 무용총, 쌍영총 벽화 속 여인들은 곡선형태의 눈썹을 그리고, 보름달 얼굴의 뺨과 입술, 연지 화장을 하였다. 이런 화장법은 강한 바람에 뺨을 보호하고 창백해진 얼굴을 붉게 하여 건강미를 주고자 사용하였다. 삼국사기에서 악공과 무녀가 연지화장을 한 모습을 통해 신분에 관계없이 화장 한 것을 알 수 있다. 따라서 고구려인들은 기초화장뿐만 아니라 색조화장까지도 했음을 알 수 있다.

고구려인들의 머리모양은 고분벽화를 통해 알수 있는데, 남자들은 외상투가 많았고, 집안에서는 쌍상투의 문지기를 발견할 수 있다. 여성들의 머리모양은 얹은머리, 가체머리, 푼기명 머리, 쪽진 머리, 묶은 중발머리, 쌍계 등이 있다. 또한 가발을 사용하여 얹은머리의 크기로 지위를 나타냈음을 '당서'에서 볼 수 있다.

(2) 백제

백제(B.C. 18~A.D. 660)는 고구려 시조 주몽의 아들 온조가 남으로 내려와 기원전 18년에 건국되었다. 고구려와 신라의 문화적 교량 역할을 하여 우아하고 섬세한 문화를 나타내었다.

백제 복식에 대한 기록은 신당서 등을 통해 백제인들이 키가 크고 의복이 청결하다는 것을 알 수 있고, 일본과 근거리에 있어 문신을 하는 사람이 많았다.

백제의 복식은 계급적 차이가 의복, 관모, 대 등에 빠르게 이루어졌고, 고구려와 비슷하며 상대복식의 기본형을 착용하였다.

· 양직공도 : 백제국사(우)는 대수의 우임직령포와 대구고를 입고, 쿠차국사(좌)는 소매가 좁은 긴 곡령의 단령포를 입고 있는데, 이들의 포에는 선이 도련, 앞단, 수구, 밑단에 둘러져 있다.

6세기에는 백제의 의박사, 채약사 등이 일본에 파견되어 "백제로부터 화장품 제조 기술과 화장법을 배웠다"라는 기록이 일본서기에 있어 많은 영향을 준것으로 나타났다.

백제인들은 고구려나 신라보다 연지를 바르지 않고 은은한 화장을 하였다.

백제의 머리모양은 기혼과 미혼의 구별이 있어 북사에서는 '여자는 머리를 땋아 뒤로 늘이고, 출가하면 두 갈래로 나누어 머리 위에 얹는다'라고 하였다. 그리고 주로 남자들은 상투를 틀었고, 여자들은 두 갈래로 머리를 땋아 틀어 올렸다.

(3) 신라

신라는 경주의 사로국을 모체로 6촌이 중심이 되어 발달하였으며, 통일 이전의 신라는 사로국(斯盧國)의 탄생부터 7세기 중엽까지이다.

신라복식은 의복의 형태가 선사시대 복식의 기본형과 거의 유사함을 '북사', '당서' 등에서 볼 수 있는데, 유를 위해(尉解), 고를 가반(柯半)이라 하며 화를 세(洗)라고도 하였다. 법흥왕 때에는 자, 비, 청, 황 4색 공복 제도의 첫 공복을 습용하였다.

신라시대에는 '아름다운 육체에 아름다운 정신이 깃든다.'는 사상이 외모에 많은 영향을 미쳤다. 박혁거세의 탄생설화에서도 백색피부를 좋아하고 지도자의 조건도 피부가 희고 인물이 좋아야 했음을 나타내고 있다. 신라는 소박한 전통미를 지녔지만, 화장, 옷차림, 머리관리에 신경 쓰고 정성을 기울였다.

신라인들은 백분, 향수, 향료를 즐겨 사용했는데 백분의 사용과 제조기술이 상당한 수준이었다. 화랑도들은 몸을 청결히 하고 아름답게 꾸미는 사상으로 인하여 목걸이, 귀걸이 등의 장신구를 치장하고 화장도 하여 화장술이 더욱 발전하였는데 이것은 불교가 전래된 종교의 영향으로 목욕재계와 향사용을 통해서이다. 또한 목욕을 중시하는 풍조는 목욕시설이 많아지게 하였고, 목욕을 즐김에 따라 팥, 녹두, 잿물 등으로 만든 비누와 세제 역할을 했던 조두가 있었다. 색조화장품으로는 분, 연지, 눈썹화장을 할 수 있는 미묵(眉墨) 등이 있었다.

신라남자의 머리모양은 소인이 결발, 대인이 상투계형 이었는데, 페르시아의 영향으로 정수리가 뾰족하게 솟도록 상투를 틀거나 머리를 자르고 검은 두건을 썼다. 여자들은 긴 머리에 가체를 사용하여 땋고 감아올리면서 금, 은, 주옥, 비단으로 장식을 하거나 앞가르마를 타고 쪽을 틀었다. 특히 가체의 우수성이 주변에 널리 알려진 시기라고 할 수 있다.

3) 통일신라시대

통일신라는 경제생활의 안정, 당과의 문화교류 등 황금기를 맞이하면서 우리 고유의 전통 문화와 중국의 문화가 융합된 찬란한 문화를 이룩하였고, 복식에도 반영되어 수식의 찬란함을 보였다.

신라의 복식제도는 경제발전의 영향으로 상하와 존귀의 구별이 없어지고 사치에 이르게 되어 흥덕왕 9년에 복식금제령을 공포하게 되며 20종의 복식에 대하여 10계급의 착용 규정을 정하였다.

새로운 복식으로는 반비, 배당, 표, 복두, 단령이 새롭게 당의 영향으로 등장하였다. 상류층은 중국문화의 영향을 받았지만, 서민층은 긴 저고리에 대를 띠는 고유복을 입어 복식의 이중구조를 이루었다.

화장문화도 당의 영향으로 짙고 화려한 색조화장을 하였다. 백분에는 붉은 색의 색분으로 연지와 볼연지로 사용하였고, 남자 무용수나 화랑 등은 특히 치장을 화려하게 하여 매우 신경을 썼다.

통일신라시대 여인의 머리모양은 체(다리)를 사용하여 화려하고 아름다웠으며 머리가 검고, 머리숱이 많았다. 그리고 미혼녀는 변발수후(辮髮垂後 : 땋은머리와 채머리)를 했다.

신라시대의 머리모양이 다양하게 변화되었으며 당나라의 영향으로 더욱 치장이 화려해졌다. 쌍상투의 머리형은 미성년자뿐만 아니라 성인 여성들도 즐겨한 것으로 보인다.

4) 고려시대

고려사회는 불교가 국교로 사회와 문화에 큰 영향력을 가졌으며 정치적인 면에서는 과거제가 실시되고 유학은 정치이념이 되고 학문적으로 발전하였다. 고려시대의 예술은 귀족 생활, 불교 미술과 연관된 분야에서 발달하였는데 대표적인 예술품은 고려청자, 팔만대장경, 고려불화이다.

고려시대 복식에 대한 자료는 고려사, 고려도경의 문헌과 문수사 반비, 수락암동 벽화, 고려불화 등이 있다. 고려도경에 보면 고려의 왕도 평거연복으로 백저포를 입었다는 기록이 있다. 고려 불화에서는 많은 공양자상이 있는데 그들은 화려한 금직의 옷을 입고 있다.

광종 때는 백관의 공복을 사색으로 정하여 존비, 상하의 등급을 밝혔다. 여자복식은 통일신라시대의 복식을 그대로 계승하였으며 왕비복은 대홍의에 그림을 그리거나 수를 놓아 호화스러웠다.

그림 2-4 타마계와 얹은머리

일본 경도의 대덕사 소장, 수월관음도

고려의 화장 문화는 고려사절요를 통해 알 수 있는데 '고려부인들은 몸치장에 있어 얼굴에 바르는 것을 좋아하지 않아 분만 바르고 연지를 사용하지 않았고, 버들잎같이 눈썹만 그렸다'고 표현하고 있어 연지를 즐겨 사용하지 않고 분을 많이 바르고 눈썹을 넓고 길게 그린것을 알 수 있다. 가장 많이 사용된 화장품인 분은 곡식 분말과 분꽃, 백토 등의 자연분과 납 성분의 납분을 사용하였다.

면약(面藥)이라는 액상 타입의 안면용 화장품을 남녀 모두 사용하였는데, 손과 얼굴을 부드럽고 희게 하는 피부 보호제 겸 미백제 였다.

고려시대에는 청결관념이 강조되어 목욕이 성행하였는데 개방적이어서 남녀의 혼욕과 향 목욕이 발달하였다. 특히 난초를 넣어 삶은 물에 목욕을 하여 향내가 나도록 하였다.

고려시대 머리 형태는 신분과 나이에 따라 달리하였는데, 미혼인 여자들은 붉은 띠로 머리를 묶고 나머지는 뒤로 내렸다. 상류층 여자들은 옥잠, 호도 잠 등의 꽃과 보석으로 장식된 비녀와 가체를 사용했다. 서민층의 미혼 남녀들은 동일하게 목 뒤에서 머리를 묶었다. 어린 소녀는 땋아 내리거나 얹은머리 형태를 하였다. 원의 지배시기에는 남성들이 일부 변발을 하기도 하였고, 말엽에는 염색형태를 확산되어 서민들도 숯, 재, 옻나무 등으로 염색하여 흰 머리를 감추었다.

5) 조선시대

조선시대는 숭유억불 정책으로 불교를 배척하고 유교를 숭상하는 이념으로 유교는 점차 민중 생활 속에 까지 깊이 뿌리를 내렸다. 의례와 절차를 중요시하여 복식문화에도 영향을 미쳤다.

유교의 삼강오륜의 남존여비사상은 여성의 사회활동이 허락되지 않아 외출 시 얼굴을 가리는 너울, 쓰개치마, 장옷, 천의 등의 쓰개 종류가 매우 발달하였다.

여성복식은 중국에서 유래된 예복과 국속의 치마, 저고리였고, 예복은 궁중에서 일반 반가 여인이나 서민 여성은 우리 고유의 치마, 저고리의 국속과 함께 입어 이중구조 속에서 전승되어 왔다.

그림 2-5 쓰개치마, 신윤복의 월하정인

그림 2-6 장옷, 신윤복의 여승과 여인

유교사상이 중시되고 내면과 외면의 아름다움을 동일시하여 청결을 중시하여 단아한 옷차림과 자연스럽고 깨끗한 화장을 하였다. 또한 피부의 청결을 중요시하여 목욕을 즐겼는데 부유층에서는 난탕(蘭湯)·삼탕(蔘湯) 서민층에서는 갯가나 냇물에서 목욕을 하였다.

그리고 맑은 피부를 중시하여 미안수(美顔水 : 요즘의 로션)를 바르고 오이나 꿀로 미안법(美顔法 : 요즘의 팩)을 사용했다. 선조 때에는 화장품이 제조되고 판매되었다는 기록이 있고, 임진왜란 직후에는 일본에서 발매된 화장수 광고 문안이 있다.

화장 문화에서 일반 여성들은 피부 기초위주의 화장으로 은은하고 수수한 담장화장이고, 기생들은 화려한 분대화장을 즐겼다. 색조화장은 백색피부 호상의 영향을 받은 분화장과 눈썹화장, 연지 등이 있다.

화장품제조는 보염서라는 기관에서 궁중의 화장품을 전담하여 분장과 향장이 관내에 있었고, 일반인들은 대부분 직접 만들어서 사용하였고, 그 외 방물장수를 통한 구입이 이루어졌다. 후기에 가서는 연지나 분을 파는 가게가 생겨났다.

그림 2-7 얹은머리, 유운홍의 기방

그림 2-8 얹은머리, 신윤복의 단오풍정

남존여비의 가부장적 유교사회로 일반적으로 남자들은 상투머리를 하였고, 처녀 총각들은 가운데 가르마를 하여 양쪽 귀 머리를 땋아 뒤에서 늘어뜨리고 댕기를 묶었고, 부인들은 얹은머리와 쪽진 머리를 주로 하였다.

잀은머리에는 궁중에서 사용했딘 왕비 혼례용 대수머리와 내명부의 의례용 대수머리가 있었다. 족두리를 사용하는 어여머리는 외명부나 반가의 부녀자들과 일반인이 혼례용으로 사용하였다.

쪽진 머리는 영조의 가체 금지령 이후 일반적으로 이용되었는데, 왕비는 도금한 봉황을, 내・외명부는 흑각으로 개구리를 만들어 정 앞가르마를 장식하였다. 단순한 쪽진 머리는 비녀와 뒤꽂이 등의 장식품을 사용하였다.

6) 일제 및 개화기

1905년 을사조약 이후 상실된 국권을 되살리기 위해 여학교가 설립되고, 신교육을 실시하였다. 또한 서구문물의 유입과 기독교의 포교 등으로 인하여 정치, 경제, 사회 등의 다양한 변화를 맞게 되었다.

개화기에 남자 한복은 현재의 우리 한복 형태로 간소화되었다. 갑오개혁 이후 신분계급이 폐지되고 조혼의 금지, 과부의 재가 허용 등 여성의 지위가 향상되어 여성복식에 변화를 나타냈다. 유학파 계층이나 외교관 부인들이 양복을 먼저 착용하였다. 1895년 단발령 이후 군복, 경찰복이 양복화 되었고, 1900년에는 관복이 양복으로 바뀌었는데 대례복, 소례복, 상복의 세 종류가 있었다. 일반인들도 포류는 두루마기 하나로 통일 되었고 마고자, 조끼를 착용하였다.

그림 2-9 개화기 시대의 기생(좌)과 일반여성(우)

개화기의 일반부녀자들은 저고리 길이가 짧아져 특수한 겨드랑이살을 가리는 특수한 허리띠를 착용하였고, 유학생들은 길어진 저고리에 검정색의 짧은 통치마를 입었다.

1930년대에는 여학생들이 한복에서 양복을 입게 되고 1940년대에는 여학생들의 교복이 양장교복으로 바뀜으로 인해 일반부녀자들도 양장을 많이 하게 되었다.

신식 화장법은 분을 하얗게 바르고 진한 빨간색을 입술연지로 사용하였는데 주로 특수직업의 하류계층에서 먼저 유행하기 시작하였기 때문에 사회적 편견이 커질 수밖에 없었다. 일반여성들은 전통화장법을 고수하여 깨끗한 피부에 엷고 점잖은 화장을 하여 담장화장을 하였다. 개화기 여인들은 의식의 변화가 일어나 외국문물의 거부와 수용이 일어나 화장에서도 재래화장품과 화장법, 신식 화장품과 화장법이 공존과 교체가 동시에 이루어졌다. 개화 초기에는 일본과 중국에서 크림, 백분, 비누, 향수 등의 수입화장품이 들어오기 시작하였다.

1915년에는 박가분이 제조, 판매되었고, 1918년에는 특허국으로부터 상표등록증을 교부받은 우리나라 최초의 화장품이 되었다. 1920년에는 동아부인상회에서 연부액(軟膚液 : 미백로션)을 제조하고 발매하였으며, 1922년에는 박가분(朴家粉)을 시작으로 머릿기름, 미백로션, 연향유 등을 개발하였다.

박가분(朴家粉)이란, 우리나라 화장품의 효시로 박승직의 부인인 정정숙이 부업삼아 자택에서 제조하여 판매하기 시작하였다. 박가 화장품의 자매품으로 박가수, 박가구리무 등이 소개되었으며 서가분, 장가분 등의 유사품이 나오기도 하였다. 박가분의 재료는 납가루와 활석가루로 신식화장품에 밀려 1937년 문을 닫았다.

머리모양은 나이에 따라 달랐는데, 어린학생들은 길게 땋아서 머리가 길어 보이도록 하였고, 나이든 학생들은 긴 머리를 땋아서 두 세번 말아 리본으로 매는 것이 유행하였다. 그외 팜푸도어, 트레머리, 까미머리, 첩지머리 등이 학생들 사이에서 유행하였다.

1900년대에는 세 가닥 땋기의 댕기머리로 겹쳐 묶는 방법의 김슨 걸이 유행하였고, 1910년대에는 이화학당 학생과 신여성 일부와 직업여성들은 퐁파두르 스타일, 짧은 헤어스타일, 댕기머리 등이 행해졌지만, 여전히 중년여성은 쪽머리를 했다. 1920년대에는 단발머리가 유행하였고, 1930년대에는 웨이브 있는 단발 등 형태의 변화가 나타났다.

7) 현대

(1) 1940년 대

1945년 해방 후 남녀에게 평등교육이 이루어져 여성에게 급진적인 변화를 가져왔다. 1940년대 전시복으로 치마 위에 몸빼 바지를 입었고, 후반에는 여자 대학생의 증가로 의상스타일은 남성적인 밀리터리 룩의 테일러드 슈트를 입었다. 1947년에는 뉴룩이 한국에도 파급되었다.

머리모양은 일반여성들도 퍼머나 세팅, 아이롱으로 웨이브를 냈고, 멋쟁이 유한부인들은 머리에 싱을 집어넣고 뒤를 부풀게 하는 도르마키라는 스타일이 유행했고, 영화배우와 요정에서는 한복이나 양장에 잘 어울리는 링고 스타일이 광복 이후에도 유행되었다.

해방 후 서양문물이 밀려들었으나 화장에 대해서는 일본의 화장품 생산 판매가 없어졌으므로 소극적 자세를 가질 수 밖에 없었고, 다만 외국에 나갔다가 귀국하여 기초 미용마사지법의 보급만이 있을 정도였다.

(2) 1950년 대

6.25전쟁은 극한의 상황을 느끼게 했고 여성들로 하여금 사회진출을 하게 하는 계기가 되었다.

화장문화는 미군의 PX 화장품이 국내시장을 주도하였으며 화장에 대한 정보 부족으로 단순한 수준에 머물렀다. 서양영화의 유입과 함께 유행했던 화장경향은 오드리 햅번 풍으로 피부 톤을 약간 밝게 하고 눈썹은 두껍고 진하게, 긴 속눈썹에 아이라인은 길게 그려 눈매를 강조하였다. 기초 화장품에서는 콜드크림을 화장 지울 때, 기초 화장용, 마사지용 등 만능 크림으로 사용하였다. 이로 인하여 번들거리는 화장법이 유행하였다.

1950년 대 화장품으로는 수세미와 오이로 증류수를 받아 화장수를 만들어 썼다. 그리고 미백용 팩이나 기름, 면약 등을 개발하였고, 각종 깨와 살구씨, 미곡 등을 미백제로 사용했다.

6.25전쟁까지는 전기 파머를 주로 했으나 전쟁 후에는 불 파머가 개발되어 양 색시들은 강한 콜드펌을 주로 하고, 일반 여성들 사이에서는 오드리햅번의 짧은 머리형이 유행되었다. 후반에는 파머약이 처음으로 판매되어 헤어스타일이 다양화되었다.

(3) 1960년 대

1960년 대에는 4.19와 5.16 쿠테타가 급격한 변혁을 가져왔고, 서구의 새로운 과학, 교통과 통신의 확대, TV의 보급 증가 등으로 의식주와 언어생활에 변화를 가져왔다. 중반부터는 의복유행에 반응을 보였고, 서양의 작품들이 직수입되기 시작하였다.

여성복은 60년경에는 상의와 하의 짧아졌으며 68년에는 절정을 이루었고 그 후에는 판타롱이라는 테일러드 팬츠 슈트가 등장하였다. 69년에는 맥시가 등장하였으나 대중화되지 못했다.

화장문화를 보면 60년대에는 서양배우의 입체화장이 유행했지만, 한국인에 맞도록 핑크 계통의 화운데이션을 사용하지 않고 오클 계통의 화운데이션을 사용하였다.

초기에는 윤기있는 화장법이 유행되다가 프랑스 배우 브리짓드 바르도의 섹시한 메이크업이 유행되었다. 즉, 눈에는 녹색이나 파란색 새도우를 바르고, 인조 속눈썹을 붙이고 아이라인을 길게 올려 그리고, 입술라인을 그리고 자연스런 색으로 입술을 칠하였다.

1960년대에는 화장품 산업이 본격적으로 발전하였고, 기초화장품의 종류가 다양화되었다.

그림 2-10 1960년대 여배우 문희

60년대 초에는 '바가지 스타일'로 앞머리 부위와 귀 양옆의 높이를 준 헤어스타일이 유행하다가 64년에는 업스타일과 보브 스타일이 유행하였다. 65년경에는 가발이 유행되어 다양한 머리모양을 표현할 수 있었다. 68년에는 보브 스타일이 윤복희와 직장 여성, 신여성에게 손질이 간편하다는 이유로 유행되었다. 그리고 고대기를 사용한 장식적인 컬과 가발을 이용한 올림머리를 한복 차림에 하였는데, 이것이 현대 드라이어의 시초가 되었다.

대표적인 머리모양으로는 중간길이의 머리에 웨이브를 안으로 한 '우찌마끼'와 밖으로 웨이브를 한 '소도마끼'가 있다.

(4) 1970년 대

초에는 석유파동과 국제 고금리로 경제적 위기에 처했었으나 중동 건설붐으로 위기를 극복하였다. 후반에는 경제가 성장되면서 부동산 투기, 아파트 붐이 일어났지만, 상대적 박탈감의 부정적 측면도 가져왔다.

그림 2-11 1970년 대 오, 마이러브, 한혜숙

복식문화를 보면 미니 스커트와 판탈롱, 청바지 등의 대표적 의복을 들 수 있는데, 이것은 여성의 성역할에 대한 반항의 표현 수단으로 사용되었다. 의복재료도 폴리에스테르와 저지류를 많이 사용하였고, 유연성 있고 보온성이 있는 니트도 유행되었다.

화장문화는 초반에는 눈화장에 중점을 두어 아이섀도우에 인조속눈썹, 눈매 강조한 마스카라, 눈썹은 가늘게 하여 입체화장을 했다. 중반에는 여성스러움을 강조한 화장으로 눈과 입술을 위한 색조 메이크업이 제시되었다. 후반에는 T-Zone의 하이라이트를 강조하고 오클계의 피부화장을 하는 등 입체화장이 유행하였다.

머리를 기하학적으로 자르는 개념이 완전히 정립된 시기로 비달사순의 기법이 유행하기 시작하였다. 전반기에는 컷트 머리가 절정을 이루었고 더불어 거지 컷트와 상고머리 스타일 등이 유행하였다. 75년에는 단발 웨이브형이, 78년에는 클래식한 풍성한 머리형과 복고스타일을 현대화한 웨이브가 많은 형이 79년에는 머리카락을 땋아서 한 디스코 머리형이 유행하였다.

(5) 1980년 대

'86 아시안 게임 88 올림픽'과 공업화 추진, 수출증대에 힘입어 경제성장을 이루었다. 소득의 급상승화는 과소비 현상의 대두화를 만들었고 소비자의 욕구를 다양하게 만들었다.

그림 2-12 1980년 대 화장품광고, 황신혜

소득수준의 향상으로 소비욕구의 다양화, 개성화, 고급화의 충족은 패션 산업의 발달을 촉진시켰다. 83년의 교복자율화는 청년문화의 새로운 문화를 형성하게 되어 각기 다른 특성있는 주니어 패션을 내놓았다. 건강에 대한 관심은 스포츠를 즐기는 사람들이 많아졌고 캐주얼 웨어가 시작되었다. 그리고 새로운 신소재의 개발로 모피와 가죽이 대중화를 맞이하게 되었고, 라이크라라는 고기능 신축성 직물로 인해 하이 패션계에 도입되어 유행변화에 영향을 미쳤다.

1980년 대 초의 머리 형태는 중성적 헤어스타일인 펑크 헤어나 디스코 머리가 유행하였고, 84년에는 상고 단발형 스타일이 유행하였다. 80년 대 말에는 굵고 긴 퍼머형과 스트레이트가 머리핀, 리본과 함께 유행하였다. 퍼머는 기본형의 퍼머, 핀컬 퍼머, 부메랑 퍼머 등 특수 로드를 이용한 퍼머넌트의 종류가 많아졌다.

화장품 수입의 완전 자유화와 외국여행 등으로 상품시장이 세분화되었고, 색조화장품과 기능성 화장품이 출시되어 우리나라 화장품 산업의 발전을 도모하였다. 80년 대는 깨끗한 피부를 표현하는 바탕화장이 주조를 나타내어 포인트 메이크업이 유행하고, 그 후에는 내추럴풍으로 변화하고, 동양적인 풍으로 눈썹과 입술선을 동양적인 곡선형으로 나타냈다.

(6) 1990년대 이후

90년대는 생활수준이 상당히 높아졌고, 글로벌한 세계 속에 대중매체의 확산이 이루어졌다. 교육수준의 향상은 인류의 사회의식의 전환을 가져와 지구환경보호, 인권보호, 세계시민의식 등 인간 생태학과 감성공학에 대한 새로운 인식을 가지게 되었다. 개인용 컴퓨터 보급의 일반화와 정보의 네크워트화가 이루어져 인터넷 문화가 새롭게 긍정적인면과 부정적인 양면을 발생하게 되었다.

1990년대 의복스타일은 다양한 스타일이 혼합되는 양상으로 발전하여 복고풍 디자인에 재활용 소재를 사용하고 신소재 등을 결합시키는 형태로 나타났다. 건강과 여가를 소중히 여기면서 스포츠 웨어와 레저웨어의 개념이 더욱 확대 되었다. 그리고 90년대 패션에 영향을 준 것은 스트리트 패션으로 젊은이들에 의해 이루어졌다.

90년대 이후의 화장은 개성화에 따라 다양한 색채를 사용하게 되었고, 특히 의상에 어울리는 색채화장을 하게 되었다. 그리고 화장경향도 에콜로지와 포스트모더니즘의 영향으로 복고의 분위기를 나타냈다. 따라서 자연스런 피부표현과 개성적인 독창성 연출을 중시하게 되었다.

90년대에는 개성 추구로 각자의 헤어스타일이 정착한 시기이다. 초에는 60년대 복고풍이 유행하였고, 중반에는 세팅이나 아이롱이 다시 등장하여 다양한 머리형이 선택되었다. 헤어컬러링도 각자의 취향에 따라 블리치하는 경향을 보였고, 패션가발도 변화를 주기위한 방법으로도 사용되었다. 여러 가지의 기술 개발로 컬러와 코팅을 동시에 하는 파머와 스트레이트도 유행되었다. 그리고 모발 전문 관리실도 등장하여 현대인의 모발을 건강하게 유지하는데 역할을 하고 있다.

2. 서양의 미용 문화사

1) 고대

(1) 이집트

고대이집트는 4대 문명의 발상지 중의 하나인 나일강을 중심으로 발달하였다. 산업구조는 농업이 주를 이루며 자연현상을 숭배하는 다신교로 영혼불멸사상을 믿었다.

파라오를 중심으로 한 절대 왕권을 중심으로 계급사회로 왕은 권위와 위엄을 상징하는 수단의 하나로 복식을 사용하였으며, 또한 의복 · 가발 · 메이크업 · 장신구 등으로 계급에 차별도 두었다.

상류층의 복식은 T자형 튜닉과 칼라시리스, 하이크를 착용하였고, 하층계급은 간단한 요의를 입었다. 옷감은 주로 아마를 사용했으며 더운 기후로 인해 상체를 거의 노출시키므로 인해 장신구가 발달하였다.

그림 2-13 노예들로부터 치장을 받고 있는 여인, Egypt, 2005

아름다움의 표현보다는 종교적인 이유로 화장을 하였는데, 강렬한 눈 화장은 악령을 쫓기 위한 종교적인 의미와 햇볕에 의한 눈병의 예방 및 치료, 벌레가 눈에 날아드는 것을 막기 위한 실용적인 목적에 기인한 것으로 호루스(Horus)문양을 많이 이용하였다.

건조한 아열대성 기후로 인해 간편한 복식문화를 이루었으며, 과도하게 노출되는 신체를 장식하기 위한 장신구와 메이크업 문화가 발달했다.

향유(Perfumed Oil)를 이용해 강한 햇빛과 벌레들로부터 피부를 보호했다. 피부관리를 위해서는 올리브유, 아몬드유, 염료, 꿀 등을 향유와 혼합하여 사용했다.

그림 2-14 중세여인의 모습

이집트의 여왕 클레오파트라(B.C. 51)는 당나귀 우유 목욕법을 즐겼으며 오늘날까지 널리 알려져 있다. 기름과 함께 바르는 크림, 납이 첨가되어 제조된 백납분, 입술과 볼에 바르는 자토, 손발과 손톱, 머리에는 오렌지색의 염료인 헤나(Henna)를 사용하였다.

이집트인은 주로 짙은 화장을 하였는데, 특히 녹청색의 짙은 눈 화장을 주로 하였다. 이것은 시원하게 보이게 할 뿐만 아니라 태양이나 곤충으로부터 보호하기 위한 것이었다. 또한 향유를 발라 피부를 보호하였는데, 연꽃기름, 자스민 향수, 아라비아 향수 등을 사용하였다. 이집트인들은 종교적 의식과 청결을 목적으로 머리를 깎고 가발이나 머리쓰개를 썼다. 이집트인의 가발은 미적인 목적뿐 만 아니라 더위를 피하기 위해 사용하였는데, 여자는 남자보다 길어 가슴이나 어깨까지의 길이로 다양한 색상을 지녀 우아함을 나타냈다. 남자는 위엄을 주기 위함이었다.

이집트 사회의 모발은 신분과 힘을 상징하는 수단이었고, 그리스나 로마에서는 머리형이 감정을 반영해주는 것으로 가발, 웨이브, 쪽짓는 머리, 올림머리 등이 이용되었다.

(2) 그리스

기원전 1,100년경 그리스 문명이 시작되었고, 모권사회에서 부권사회로 사회구조가 변화함으로써 여자들은 치장에 관심을 갖게 된다. 그리스 문명의 주류는 이오니아인과 도리아인으로 아테네, 스파르타가 대표 도시국가로 민주주의 영향을 받았으며, 인간적이고 이성을 중시하는 문화를 이루었다. 건축물은 남성적인 도리아식의 파르테논 신전과 우아한 이오니아식의 니케신전 등이 있다.

그림 2-15 그리스시대(Greece) 남자들의 머리모양

그리스 의복은 키톤형과 외투역할을 하는 히마티온과 클라미스가 있다. 키톤에는 도리아식과 이오니아식이 있다. 그리고 세부적인 것보다는 전체적인 비율과 균형, 조화로 실루엣을 중시하였다.

건강한 정신은 건강한 신체에서 비롯된다고 생각했으며 일정한 식사량 유지, 규칙적인 운동, 목욕, 마사지 등으로 건강한 신체를 유지하였다. 의학의 대가 히포크라테스(Hippocrates)는 건강한 아름다움을 위해 미용식, 일광욕, 특수목욕, 마사지 등을 권장하였다. 더불어 냉수욕, 온수욕, 증기욕, 약물목욕 등의 다양한 목욕문화가 발달하였다.

여성들은 백분(白粉 : Face Powder)으로 된 제품을 얼굴에 사용했으며, 눈은 화장먹으로 채색하고 볼과 입술에도 화장을 하였다. 그리스의 의사 갈렌(Galen, 129~199)은 장미수 37.5%, 벌꿀왁스 12.5%와 올리브유 50%를 섞어 최초의 현대적 화장품인 콜드크림을 개발하였다.

그리스인들은 금발을 아름답게 여겨 잿물로 표백하고 노란 꽃을 으깬 물에 머리를 헹구어 황금색으로 착색하는 것이 유행되었다. 남녀 머리를 길렀는데, 여자는 웨이브진 머리를 뒷목에서 묶는 형태로 후기에는 머리에 캡이나 밴드로 장식하였다. 남자는 머리형이 다양하였는데, 앞이마로 내리는 형, 뒤로 넘긴 형 등이 있다. 수염은 직업에 따라 달랐는데, 역사가는 짧은 수염을, 에피큐리안 학파는 장발에 긴 수염을, 스토아 학파는 그대로 내버려 두었다. 그러나 짧은 머리 유행하자 수염도 밀었다.

(3) 로마(Rome)

로마는 기원전 753년경 라틴족에 의해 건설되어 그리스 문명을 토대로 일상에서의 실용가치를 선호하며, 실제적인 지식·토목·의학·과학기술과 법률을 발달시켰다. 사회제도는 귀족·평민·노예 계급으로 형성되어 절대계급사회를 이루었으며 복식이 사회적 신분을 나타내었다.

기본복식은 튜니카 위에 맨틀형식의 겉옷을 입었다. 여자는 스톨라 위에 팔라나 팔루다멘툼을 걸쳤고, 남자는 튜니카 위에 토가, 팔루다멘툼, 라세르나, 사굼, 팔리움 등을 착용하였다.

B.C 454년경 로마의 남성은 얼굴의 수염을 면도하기 시작했고, 이러한 풍습이 오늘날 이발의 시초가 되었다. 남·여 구분 없이 아름다운 피부와 몸매를 가꾸는데 향수, 오일, 화장품 등이 생활의 필수품으로 등장했으며, 이들을 소지하기 위해 적극적으로 투자하였다.

그리스의 목욕문화를 이어 받아 스팀 목욕법과 한증 목욕법을 개발하였고, 목욕 후에는 오일류와 여러 종류의 향제품을 사용했다. 체계적이고 전문적인 목욕문화가 확립되었으며 남탕과 여탕의구분이 있었다.

흰 피부를 유지하기 위해 레몬, 염소, 젖, 우유 등을 혼합하여 마사지를 하였고, 아름다운 몸매를 유지하기 위해 전신체조를 하였다.

머리모양은 남자가 머리와 수염을 왕정시대에는 기르다가, 공화정에 이르러서는 짧고 곱슬거리게 손질하였다. 여자는 뒷머리는 땋아서 둥글게 말아 올린 모양의 시뇽형과 머리카락을 빗어 넘긴 퐁피두르형 등을 하였다.

그림 2-16 로마시대(Rome) 여자들의 머리모양

2) 중세(The Middle Ages)

중세는 476년 로마제국이 멸망한 후부터 1450년까지로 기독교가 중심이 된 봉건사회로 교회에 의해 문화와 기술의 발달을 이루어 복식문화도 종교적인 영향을 나타냈다. 중세유럽은 동로마 제국과 서유럽으로 나뉘어졌다.

(1) 비잔틴

비잔틴은 동로마제국을 말하는 것으로 비잔티움을 수도로 독자적인 문화를 형성하였다. 비잔티움은 동·서양을 연결하는 교통의 요충지로 상공업 및 금속세공업이 발달하였다.

6세기 경에는 실크를 생산하는 직물산업이 발전하게 되어 비잔틴 복식은 유럽 복식문화의 모체가 되었다. 그리스, 로마 문화의 전통위에 기독교의 종교적 색채와 동방의 풍부한 견직물의 색과 문양의 장식성이 가미된 것이었다.

비잔틴 복식은 남녀 모두 달마티카나 튜닉 위에 팔루다멘툼을 입었는데, 팔루다멘툼은 후에 황제, 황후 등에 국한되었고, 평민은 팔라와 팔리움을 입었다. 특히 왕과 귀족의 튜닉에는 여러 색의 수로 놓아졌으며 클라비와 세그멘티를 장식하였다.

그림 2-17 성소피아 성당의 부조(왼쪽, 콘스탄티누스 8세의 공주 '조에')

화장과 몸치장은 신에게 죄를 짓는 것으로 여겨 특히 색조화장은 매우 절제되었다. 특히 화장은 신에게 인간의 얼굴을 감추는 행동으로 여겨 금기시 되었다. 다만 붉은 색을 쓰는 것을 미혼녀들에게 허락되었다.

초기 여자 머리모양은 땋아서 밴드나 리본으로 묶거나 올리는 형태이었다가 8세기 부터는 머리를 주로 감쌌으며 수식이 발달하였다. 남자는 앞이마가 내려오는 짧은 단발 머리형이었다.

(2) 로마네스크

서부유럽에서는 게르만족의 대이동이 이루어져 이탈리아, 독일, 프랑스, 영국 등의 제국이 되면서 문화권을 형성하였다. 암흑기를 거쳐 안정을 찾기 시작한 유럽은 봉건 영주들의 장원 경제로 경제부흥을 일으켰고, 비잔틴제국의 영향과 고대 그리스와 로마 문화를 혼합한 독특한 문화를 형성하였다.

로마네스크 건축 양식은 주로 둥근 아치, 거대한 기둥, 조그만 창문이 특징이며 이것은 건축뿐만 아니라 조각, 벽화, 공예품에도 영향을 주었다.

로마네스크 양식은 고대 로마 스타일의 부활과 로마 카톨릭의 영향, 비잔틴의 동방 요소의 영향 등 다양한 문화적 배경으로 여러 요소가 융합된 독특한 의복 스타일을 나타내었다.

그림 2-18 로렌체티(Ambrogio Lorenzetti), 수태고지, 1344

로마네스크 스타일이란 고대 로마 부활만을 뜻하는 것이 아니라 동로마 제국인 비잔틴의 영향을 받은 의복의 형태를 말한다.

로마네스크 복식은 헐렁한 형에서 몸에 맞아가는 형으로 발전해가는 과도기형으로, 비잔틴 복식과 달리 상하로 분리되어 몸에 맞는 실루엣으로 흐르는 듯한 유려한 인체미를 나타내었다. 대표적인 의복으로는 블리오, 쉐엥즈, 맨틀 등이 있다.

동양으로부터 온 안티몬과 향유 등 화장재료와 회교도의 화장풍습이 전해져 치장하는 것에 관심을 가지기 시작하였다. 이 시대에는 하얗게 보이기 위해 흰색과 핑크 색의 수용성 안료를 사용하였다. 입술은 도톰한 형태가 선호되었는데, 프랑스에서는 진홍색 입술연지가 사용되었다. 12세기에는 파르(fard : 화장품)라는 명사가 생겨났다.

11세기 남자들의 머리 모양은 짧은 단발형과 어깨까지 늘어뜨리는 형이 있었다. 반면 여자들은 앞 가르마를 타서 앞가슴쪽으로 머리를 두 세 가닥 땋아서 길게 늘어뜨리는 형태가 주를 이루며 리본으로 길게 타래를 만들기도 하였다. 특히 기혼여성은 땋은 머리를 머리 뒤쪽에 감아 매는 형태를 하기도 하였다.

12세기에는 여자들의 땋아 늘어뜨린 머리를 위로 올려 망으로 쌓으며 두 개의 띠 바비트(barbette)와 필레(fillet)를 사용하여 머리에 둘렀다. 기독교의 영향으로 중세 후기까지 머리쓰개를 착용하였다.

(3) 고딕

중세 말기 십자군 원정이 실패한 결과 기사계급의 몰락과 장원제도의 붕괴를 초래했고, 왕권이 강화되고 시민계급이 초래되었다.

중세 말기 기독교인들은 수직선을 강조한 고딕 양식의 사원과 교회를 건축하였는데, 뾰족한 첨탑, 첨형의 아치와 격자무늬, 풍요한 색채와 광택이 있는 스테인드 글라스로 표현되었다.

고딕시대의 복식은 다각적인 정신생활과 경제생활이 함께 반영된 것으로 급변하는 시대에 적응하기 위하여 합리적인 형을 추구하여 블리오보다는 긴 드레스 형태의 코트를 입게 되었다. 십자군원정을 통해 자수의 발달을 가져왔고, 군복을 통해 입체구성, 슬래쉬, 문장장식, 파티칼라 등이 출현하였다.

초기에는 집에서 나무로 만든 목욕통에 뜨거운 물을 채워 목욕을 했다. 공중목욕탕이 생기면서 특권층에서 행해지던 목욕문화가 서민층까지 전파되었지만, 성병 및 페스트(Pest)가 유행하면서 폐쇄되었다.

- 물이 병을 전염시키는 것이라 믿게 되어 씻는 것 대신 향수를 뿌렸으며, 향수 발전의 계기가 되었다. 화장품 제조에 필수성분인 알코올도 발명되었으며, 약초를 추출한 에센스도 발명되었다.

그림 2-19 1435~1438, 지네브라 데스테(Ginevra d' Este), 피사넬로(Pisanello)

기독교의 영향으로 금욕적인 생활을 하였으며, 여성의 얼굴과 신체의 미용행위는 엄격하게 금지되었다. 십자군에 의해 동양으로부터 향수, 향유, 몰약 등이 유입되었으며, 성병, 페스트, 천연두, 콜레라도 유행되었다.

바버(Baber)라 불렸던 이발사겸 외과의사는 이발과 면도, 마사지, 목욕 등을 담당하고 이를 뽑거나 부스름치료를 하는 미용과 의료 영역을 함께 취급하는 직업군이 생기기도 하였다.

중세 영국의 대학에서는 미용학과 의학을 같이 가르쳤으며, 16세기 후반까지도 미용학과 의학이 공식적으로 분리되지 않았다.

고딕시대의 여성들은 창백한 얼굴을 하고 머리를 다갈색으로 물들이고 치아를 상아처럼 보이게하는 화장법이 유행하였다. 이때의 미인은 창백한 피부, 넓은 이마, 갈색 아치형의 눈썹, 장밋빛 작은 입술, 새하얀 치아, 섬세한 손톱을 지닌 여성이었다.

종교적인 영향으로 머리를 자르거나 웨이브 진 머리는 금지되었으며, 14세기의 여성들은 망토를 쓰거나 머리장식과 헤드 드레스를 갖추기 시작했다. 머리카락은 인디고로 염색하였다.

3) 근세

(1) 르네상스(Renaissance)

십자군 원정의 실패로 교회의 권위가 약화되고 지적수준의 향상으로 인간자아를 발견하게 되면서 신 중심에서 인간 중심으로 변화되고 인간중심의 문화를 창조했다.

르네상스 시대는 인간의 존엄성을 나타내려는 복식은 인체를 인위적으로 확대 과장하는 형태의 복장이 출현하였다. 남자들은 남성미를 과장하기 위해 어깨와 소매, 가슴을 부풀리고 여자들은 여성미를 나타내기 위해 가슴을 깊이 파고 허리를 가늘게 조이고 스커트를 부풀려 인체미를 인위적으로 과장했다.

유럽은 십자군의 귀향으로 동양의 문물을 다양하게 접하게 되었으며 향장산업이 발전하는 계기가 되었다. 남성·여성 모두 화장을 하였고 피부는 희고 창백하게 하는 것이 유행하였다. 위생관념이 없었으며, 신체와 의복의 악취를 제거하기 위해 강한 향수를 과도하게 사용하였다. 화장품과 향수를 사용했지만 입술, 뺨, 눈에 진한 색은 사용하지 않았다. 하얗고 맑은 피부를 가꾸기 위해 알코올, 채소 농축약, 우유와 꿀 등을 혼합하여 화장수를 만들어 사용하였다. 가장 눈에 띄는 것은 이마를 넓어 보이게 하기 위하여 눈썹과 헤어라인을 깎아낸 미용법이다. 이는 눈썹이 없는 것이 지적인 모습을 나타내 준다고 생각했기 때문이다.

그림 2-20 퀸 엘리자베스 1세

인간 중심 사상은 거추장스런 장식을 사라지게 하여 초기의 남자들은 어깨길이의 웨이브진 머리형이었으며, 중기에는 길이가 짧아진 머리형을 하였다. 여성들은 장식 없는 스타일이나 가발과 끈을 교차시켜 돌려 감아 땋은 머리가 유행하였다.

(2) 바로크

바로크 양식은 현세에서의 쾌락 추구를 인생의 목적으로 여겨 더욱 호화롭게 하는 것이 성행하였다. 초기에는 네덜란드가 경제의 중심국으로 대두되어 검소하고 실질적인 복식이 유행되었다. 네덜란드의 실용적인 남자복식은 남성복의 근대화를 이루는데 큰 역할을 하였다. 그러나 프랑스가 왕권이 강화되면서 프랑스 모드가 세계의 모드로 떠올라 세계 각국으로 전파되었다.

그림 2-21 팻치를 붙인 여성들의 모습

남자복식은 네덜란드의 영향으로 푸르푸앵과 넉넉한 반바지의 기능적인 의상으로 바뀌면서 귀족풍의 복장이 시민복과 융합된 쥐스토코르와 퀼로트가 성행했다.

여자복식은 네덜란드의 영향으로 스커트의 버팀대가 사라지고 길이도 짧아져 활동 편한 부드러운 실루엣이 유행했으며, 다시 프랑스 모드가 유행하면서 허리를 조이고 스커트를 부풀리는 과장된 실루엣으로 바뀌었다. 이 시대에는 화장이 일반화되어 짙은 화장을 하고 뷰티점을 붙이는 것이 유행하였고, 몸의 냄새를 없애기 위해 진한 향수를 사용하였다. 피부에는 백분을 발라 희게 하였고, 볼에는 연지를 섞어 장밋빛으로 표현하였다.

남자의 머리모양은 여성스럽고 풍성한 모양으로 모자의 크라운이 낮아지고 챙이 넓어지면서 가발이 성행했다. 여자 머리모양은 높이 빗어 올린 후 장식하고 자연스럽게 컬해서 늘어뜨렸다. 루이 14세 때는 층층으로 세운 기교적인 퐁탕주가 크게 유행하였다.

(3) 로코코

18세기는 중산계급이 확대되고 부유한 귀족의 영향이 커졌으며, 여성의 사회적 역할이 중요해지면서 여성복이 화려하고 아름답게 장식하였다.

로코코 양식은 귀족적 취향의 섬세하고 우아한 특성을 지니고 있다.

남자복식은 일반적으로 쥐스토코르가 베스트와 퀼로트와 한 벌을 이루었고, 여성적인 분위기의 영향을 받아 드레이퍼리한 경향을 나타냈다. 여자복식은 전기에 꽃, 깃털, 리본 등의 여러 장식을 사용하였고, 중기에는 가슴을 강조하여 데콜레트로 팠으며 코르셋으로는 허리를 조이고 파니에로 스커트를 크게 부풀렸다.

로코코 시대에는 세련된 감각이 중요시 되어 노인은 젊게 보이려고 장미색으로 볼을 칠했고, 젊은이는 현명하게 보이도록 흰 가루를 뿌리는 것이 유행하였다. 남여 모두 짙은 화장을 했는데, 백발의 유행으로 인해 흰 화장이 유행하였다. 눈에 열정을 부여한다는 이유로 눈꺼풀 아래에 두꺼운 화장을 하였고 심지어 잠잘 때도 옅은 볼화장을 하였다. 남성들도 백납분을 사용하여 얼굴을 희게 하였고, 볼과 입술에 루스를 칠한 후 볼에 패치를 붙이는 것이 세련된 신사의 모습이었다. 이 시기에는 우아하게 꾸며진 남녀의 인형같은 얼굴이 에티켓과 예의 규범이었다.

남자의 머리모양은 머리의 높이를 낮추고 리본으로 뒤에서 묶거나 옆머리를 짧게 하는 단정한 머리가 유행하였고, 여러 가지 가발도 사용되어 모자는 점점 축소되었다. 여자의 머리모양은 초기에 부풀리지 않고 뒤로 빗어 넘겨 단정한 퐁탕주 형이 유행하다가 점차 머리모양이 높아지면서 가장 거대한 머리형을 만들었다.

4) 근대

(1) 엠파이어 스타일 시대

19세기는 근대사회의 발생과 민주주의 기틀이 다져진 시기로 시민문화가 형성된 시기이다. 프랑스 혁명 이후 절대왕정에 대항하여 나라의 주인은 국민이란 시민의식이 발달하였고 귀족풍이 근절되었지만, 그 후 나폴레옹시대에는 유럽 전역에 세력을 확장해나가 프랑스 부르주아 상류층을 중심으로 유럽복식이 발전해 갔다.

그림 2-22
madame Recamier(1805년)

남자복식은 나폴레옹 집권시 귀족적 경향이 부활되어 실크로된 상의와 꼭 맞는 퀼로뜨를 입거나 르댕고트형의 데가제와 함께 위싸드르라는 힙은 헐렁하고 아래는 꼭 맞는 하의를 입었다. 여자복식은 고대 그리스의 키톤 스타일의 슈미즈 가운을 입었고, 나폴레옹의 번영과 함께 슈미즈 가운은 트레인을 달고 화려한 직물을 사용하여 엠파이어 스타일로 발전을 이루었다.

프랑스 혁명 후 연지를 바르는 화장법은 쇠퇴하고 창백한 화장이 유행하였고, 화장하지 않은 얼굴이 대부분으로 단지 향수만을 사용하였다.

남자 머리모양은 부르터스 커트라는 짧은 단발이 유행하였괴, 여자의 머리모양은 짧게 깍은 티투스 형이거나 도그스 이어스라는 앞과 옆으로 늘어뜨린 형이 등장하였다. 중반에는 넓은 이마와 패드를 넣어 높인 큰 머리 스타일이 유행해서 여성들은 앞머리를 뽑고 이마를 넓게 만들었다.

(2) 로맨틱 시대

왕정이 복귀되어 왕정시대가 시작된 시기로 산업의 발달은 노동자 대 자본가의 대립이라는 사회문제를 야기 시켰고, 현실도피의 낭만주의 경향을 나타나게 하였으며 복식도 점차 화려해졌다.

남자복식은 기본적으로 프록 상의와 조끼인 질레, 바지인 판탈롱으로 귀족풍이 부활하여 허리를 타이트하게 조이고 힙을 부풀리며 조끼의 라펠과 목에 감는 크라바트에 의해 상체 볼륨을 더하였다. 여자복식은 네크라인을 옆으로 넓히고 어깨를 드러내며 소매를 과도하게 부풀리고 허리를 과도하게 조이고 스커트를 확대시켜 X자형 실루엣을 이루었다.

19세기의 화장은 자연주의 사상의 대두로 자연스러운 화장이 주조를 이루어 얼굴에 백납분 사용이 매우 약해졌고, 입술과 뺨 위의 루즈 사용을 자제하였고, 아이라인과 인조 속눈썹이 등장하였다. 화장은 위생과 청결을 중요시 여기게 되었고 비누의 사용이 보편화되었다. 두꺼운 화장은 연극이나 무대에 한정되었다.

머리모양은 남자들이 머리를 짧게 자르고 옆으로 가르마 타고 옆으로 빗어 넘겼고, 여자들은 짧게 다듬은 형태, 앞가르마를 탄 생머리를 뒷부분으로 말아 붙인 형태, 앞이마에 양쪽으로 갈라져 컬된 머리를 부풀려 과장한 형태가 있었다.

(3) 크리놀린 스타일 시대

크리놀린 스타일 시대는 프랑스의 루이 나폴레옹 3세가 황제로 즉위한 1848년에서 1870년대까지를 말한다. 루이 14세 이후 프랑스는 다시 예술, 공업, 외교의 중심지가 되어 부르조아들이 특권을 누리며 사치스런 생활을 즐겼다.

나폴레옹 3세시대로 귀족적 분위기를 동경하여 로코코 양식을 다시 부활시켰으며 황후 유제니와 워스에 의해 패션을 이끌었다. 크리놀린은 스커트 버팀대로 60년대에는 스커트 도련이 10야드나 되는 최대의 넓이로 확대되었다.

남자의 머리모양은 머리카락이 뒷목에 닿지 않을 정도로 짧게 깎아 볼수염과 연결되도록 정리하는 것이 멋진 치장으로 여겼고, 국가에 충성을 맹세하는 남자의 표식으로 간주되었다. 여자의 머리모양은 품위 있고 단정한 형태가 유행하였는데, 앞가르마로 컬된 머리를 양쪽으로 빗어 님긴 헝, 컬된 머리를 틀어 얹은 형태 등이 있다. 60년대에는 유제니 황후의 붉은 갈색 머리색을 모방하기 위해 머리 염색제와 탈색제를 사용하였다.

그림 2-23 Crinoline 시대의 머리장식

(4) 20C 전후

1870년부터 제1차 세계대전이전 까지로 비교적 평온한 시기로 부귀와 향락을 즐기는 경향을 나타내었다. 이 시기는 프랑스가 공화제가 확립되고, 영국은 빅토리아 여왕시대로 최대의 번영을 누리고 산업은 더욱 발달되어 다양한 직물을 대량생산하였다. 재봉틀이 발명되고 의복이 저렴해지고 대중화가 이루어졌다.

크리놀린 스타일의 부풀림의 축소는 폴로네즈 스타일로 나타났고, 그 후에는 스커트 드레이프를 뒤로 모아 힙을 강조한 버슬 스타일이 유행하였다. 벗슬 스타일 이후 복식은 단순해지면서 남자는 조끼, 바지, 재킷이 한 벌인 현대모드의 기초를 이루었고, 여자는 간소화 현상으로 고어드 드레스, 과장된 S-커브 실루엣으로 기능적인 라인으로 변화되었다.

남편 죽음으로 인한 빅토리아 여왕의 파리한 모습은 유행되어 창백하게 보이게 하기위해 비상으로 얼굴을 표백하고 얼굴의 결점을 보완하고자 파운데이션을 사용하였다. 그리고 색조는 자연스러운 것이 유행하였다.

남자의 머리는 짧아지고 콧수염과 턱수염을 기르는 것이 유행하였으며, 여자들은 퐁파두르 형, 쉬농 형이 유행하였다.

그림 2-24 19C말 여성의 모습

2편

피부미용(ESTHETIC)

피부학

1. 피부구조

피부는 인체의 표면을 감싸고 있으며 외부의 여러 요인으로 부터의 보호와 흡수, 분비, 감각의 기능을 담당한다. 성인의 경우 피부의 총면적이 약 1.6~1.8m^2이고 무게는 체중의 약 16%에 해당한다. 손·발바닥이 가장 두껍고 눈꺼풀이 가장 얇은 부위이다. 피부는 표피, 진피, 피하지방의 3층 구조로 구성되며 부속기관인 한선, 피지선, 손·발톱, 모발 등이 있다.

피부표면은 소릉이라고하는 솟아있는 부분과 소구라고하는 움푹 들어간 부분으로 구성되어 그물모양을 이룬다.

표 3-1 피부의 구조

<table>
<tr><td rowspan="8">피 부</td><td rowspan="5">표 피</td><td>각실층</td><td rowspan="3">무핵층</td></tr>
<tr><td>투명층</td></tr>
<tr><td>과립층</td></tr>
<tr><td>유극층</td><td rowspan="2">유핵층(말피기층)</td></tr>
<tr><td>기저층</td></tr>
<tr><td rowspan="2">진 피</td><td>유두층</td><td>혈관과 신경이 풍부</td></tr>
<tr><td>망상층</td><td>교원섬유와 탄력섬유가 풍부</td></tr>
<tr><td>피 하</td><td>피하층</td><td>지방조직</td></tr>
</table>

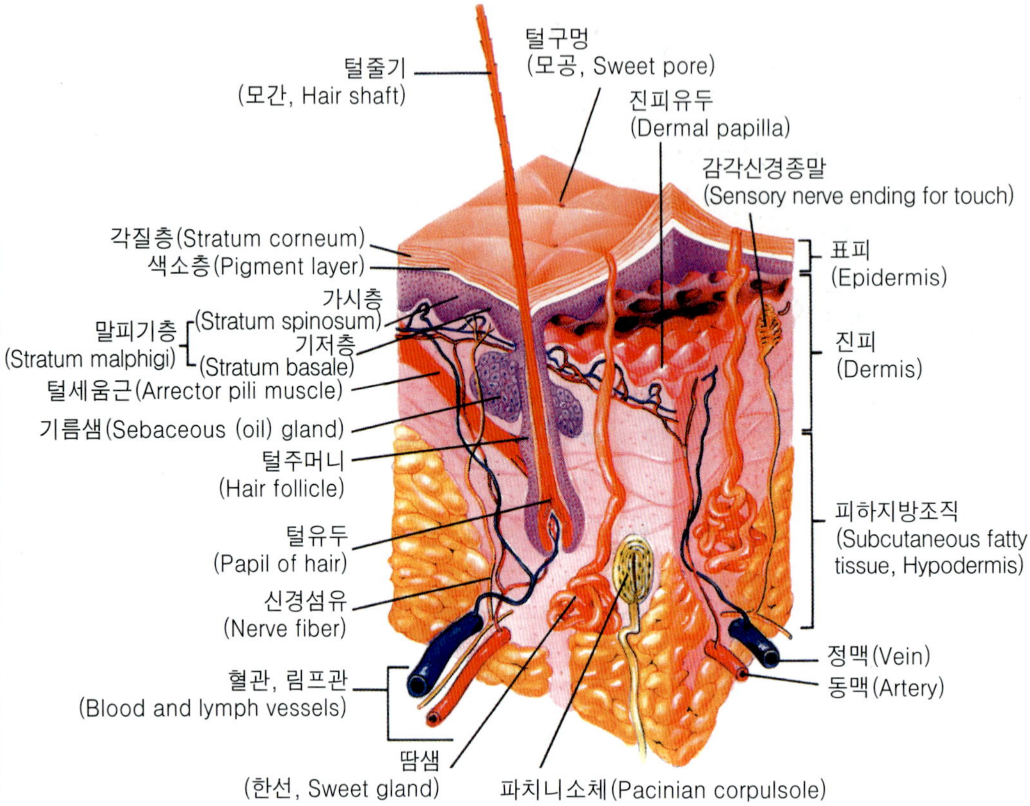

그림 3-1 **피부 구조도**

1) 표피

표피는 피부의 최외각 층으로 진피와 피하에 얇은 조직으로 두께는 보통 0.1~0.3mm이다. 주 역할은 내부를 보호하거나 유해물질과 자외선을 막아주는 보호막 역할을 한다. 표피는 5개의 층인 각질층, 투명층, 과립층, 유극층, 기저층으로 구성된다.

(1) 기저층

표피의 가장 아래층으로 단층원주상피세포로 구성되며 유사분열로 새로운 세포를 지속적으로 생산한다. 기저층에서 생산된 딸세포가 각질층까지 도달하는 데는 약 14

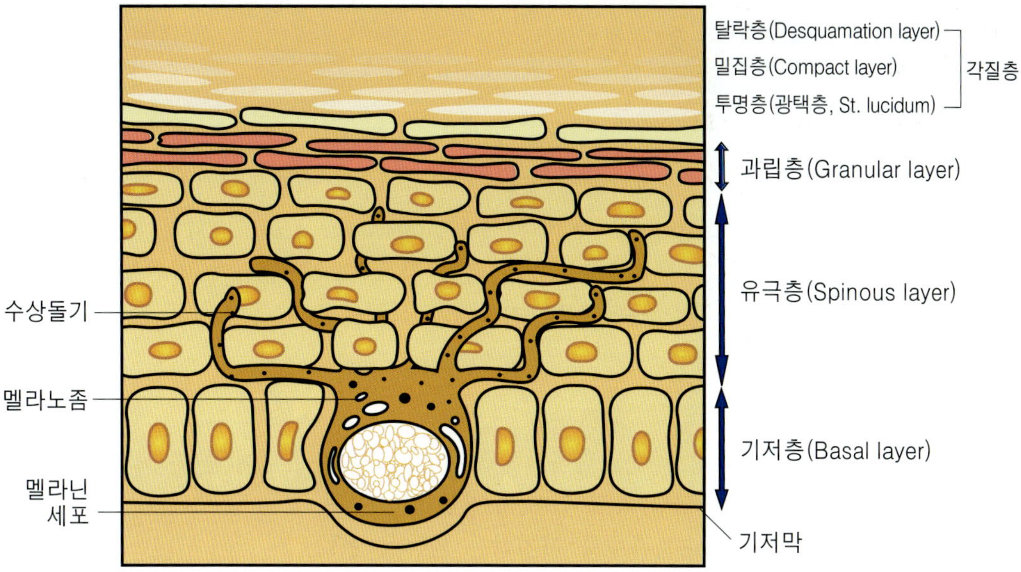

그림 3-2 멜라닌 생성세포(melanocyte)

일 정도 소요되며 각질이 탈락할 때 14일이 소요되어 각질화 과정(keratinization)은 약 28일이 소요된다.

기저층을 구성하는 세포로는 각질형성세포와 멜라닌세포가 4:1~10:1의 비율로 존재하며 세포분열을 통해 유극층으로 이동하게 된다. 기저세포의 수분함량은 약 70~72%이며 핵을 가진 살아있는 세포이나 각질층으로 올라갈수록 세포의 수분함량은 줄어들고 핵은 소실되는 각화된 세포로 변화한다.

(2) 유극층

표피층 중에서 가장 두꺼운 층으로 5~10층의 다각형 유핵세포로 구성된다. 각질층으로 올라갈수록 세포의 모양은 편평해 진다. 세포 표면의 가시돌기가 존재하며 세포 사이는 교소체(desmasome)이용하여 세포간교(intercelluiar bridge)를 형성한다. 세포 사이에는 조직액이 흐르며 조직액을 통해 영양과 산소의 공급과 노폐물의 배출한다. 즉, 세포와 조직 사이의 물질교환이 일어난다.

또한 랑게르한스 세포가 존재하여 항원을 탐지하여 림프구에게 전달하는 항원전달 역할을 함으로 면역의 기능을 수행한다.

(3) 과립층

과립층에서 세포는 핵이 소실되며 세포의 모양도 더욱 편평해 진다. 세포 내에는 각질유리과립(keratohyalin granule)과 층판소체(lamellar granule)가 나타나며 각질유리과립 즉, 케라토히알린은 각질층으로 가면서 필라그린으로 변하며 천연보습인자로서의 기능을 수행하며 층판소체는 세포간지질의 구성성분을 이룬다.

(4) 투명층

모든 피부에 존재하지 않고 손·발바닥처럼 두꺼운 피부에 존재한다. 또한 엘라이딘이라는 반유동성 물질을 함유하고 있어 투명하게 보이며 빛을 굴절시켜 빛을 차단하는 성격이 있으며 또한 수분흡수를 저지하는 기능을 한다.

(5) 각질층

15~20층의 편평한 비늘모양의 얇은 각질이 서로 맞물려 있으며 세포와 세포사이는 지질로 구성되어있다. 각질층은 벽돌로 세운 벽과 비슷한 구조를 띄며 각질세포는 마치 벽돌과 같고 세포간지질은 벽돌사이의 시멘트처럼 세포사이를 접합하는 구조를 이룬다(bricks and mortar model).

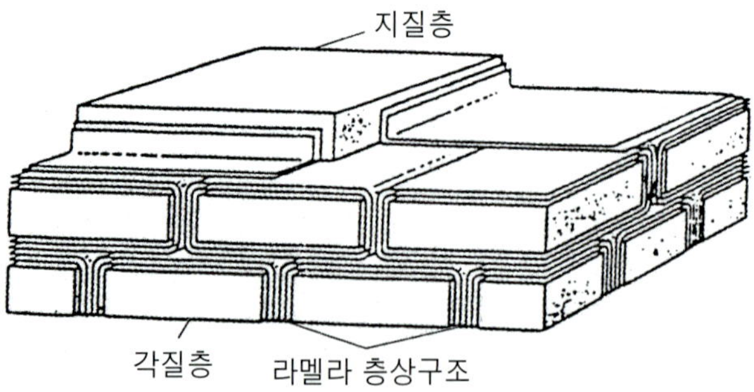

그림 3-3 각질층 액정(라멜라)구조

각질층의 주성분은 케라틴단백질이 58%, 각질세포간지질이 11%, 천연보습인자가 31~38%를 차지하며 각질세포간지질은 세라마이드, 자유지방산, 콜레스테롤과 같은 다양한 지질로 구성된다.

각질층의 수분함량은 약 15%가 정상이며 10% 이하이면 건성피부로 정의된다.

2) 각질층에 존재하는 세포

① 각질형성세포 : 표피구성세포의 90~95%를 차지한다. 각질형성세포가 기저층에서 각질층으로 옮겨가며 각화되어 떨어져나가는 현상을 각질형성과정이라고하며 약 28일 주기를 가진다.

② 멜라닌세포 : 기저층에 분포하며 표피에 약 5%를 차지한다. 멜라닌 합성이 자극되어지면 유극층에서도 관찰되며 수상돌기모양을 띈다. 멜라닌세포의 멜라닌소체 내에서 티로신이 티로시나아제에 의해 산화중합의 과정을 거쳐 멜라닌을 합성한다.

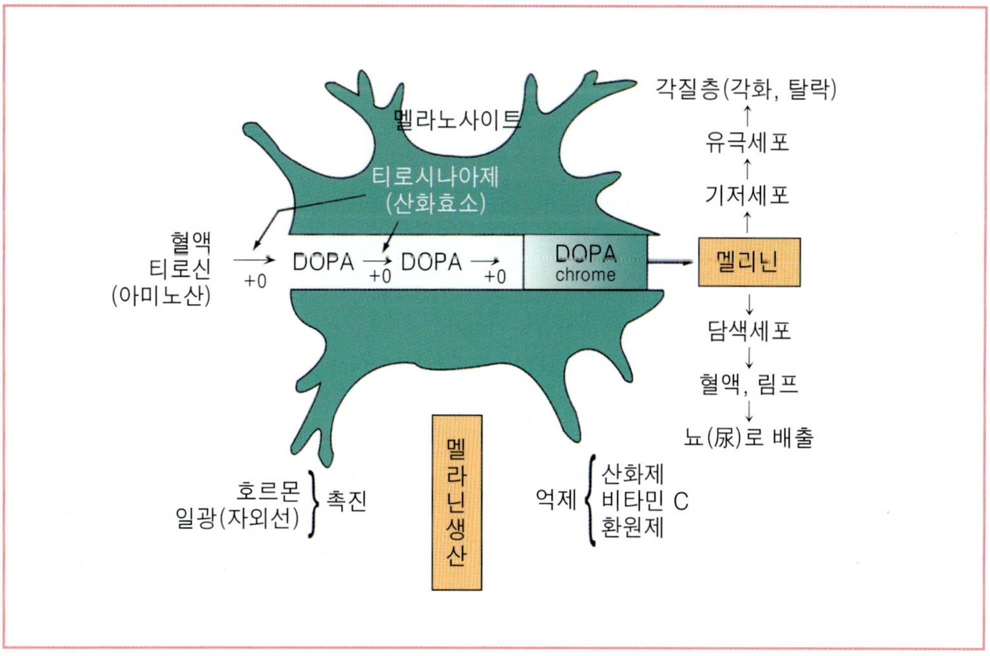

그림 3-4 멜라노사이트의 기능

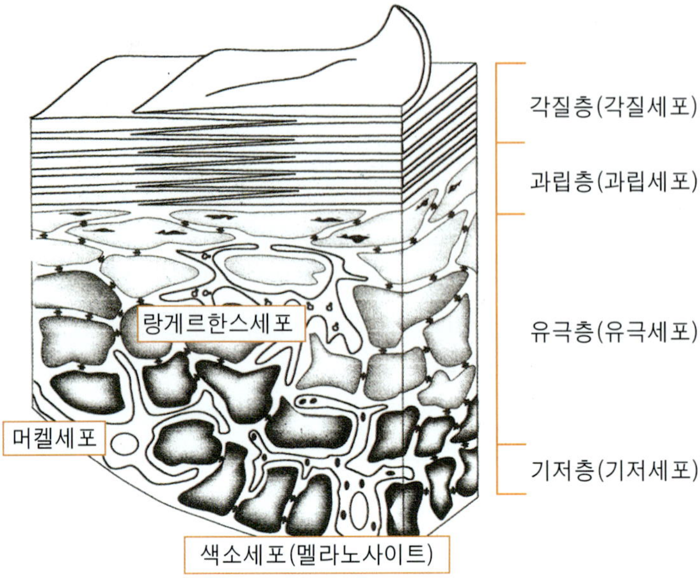

그림 3-5 **표피 구조와 구성세포**

③ 머켈세포 : 주로 기저층에 많이 분포하며 촉각수용체로 촉감을 감지함으로 촉각세포라고 한다.
④ 랑게르한스세포 : 주로 유극층에 분포하며 약 2~8%를 차지한다. 수지상모양의 세포로 외부의 항원을 림프구로 전달하는 항원전달세포로 면역을 담당함으로 면역 세포라고 한다.

3) 표피와 진피의 접합부

우둘투둘한 물결모양을 이루며 젊은 피부일수록 물결의 굴곡이 많고 깊어서 진피와의 접합부가 넓어 진피로부터 영양과 노폐물 배출이 원활하며 나이가 들수록 굴곡은 편평해져 접합부가 적어짐으로 영양공급과 노폐물 배출이 떨어진다.

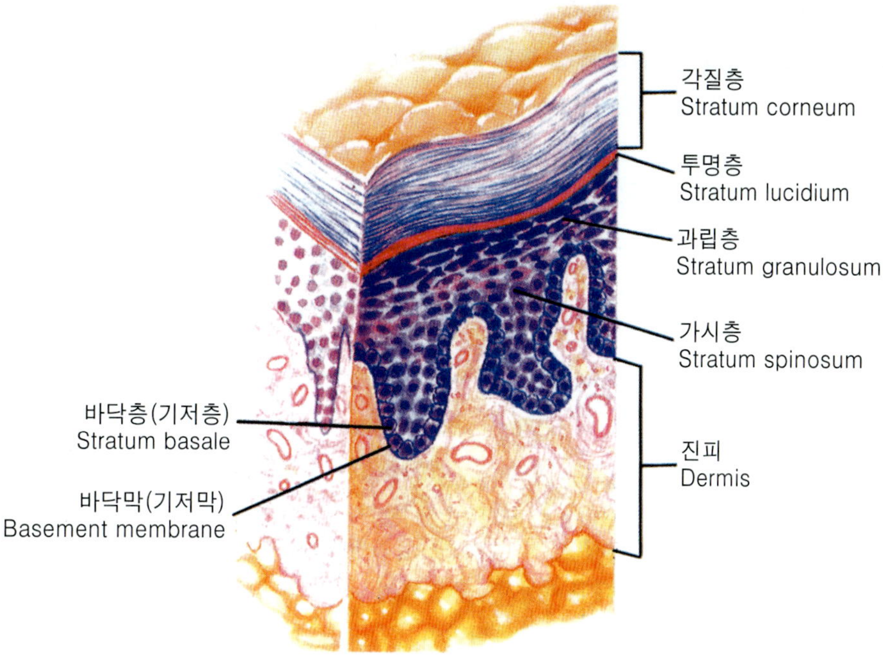

그림 3-6 **표피의 층상구조**

4) 진피

진피는 표피보다 훨씬 두꺼운 구조를 가지며 결합조직으로 세포와 세포외기질(extracellar matrix)로 구성된다. 진피에서는 혈액과 림프액이 순환하며 진피의 모세혈관에서 나온 영양성분이 확산에 의해 표피로 전달된다. 진피는 유두층과 망상층을 구분되며 진피를 이루는 구성성분은 섬유성분과 세포성분, 기질로 구성된다.

(1) 유두층

진피의 상부층으로 표피와 접하는 층이다. 모세혈관과 림프관, 신경말단들이 풍부하며 표피로 영양을 확산하는 역할을 한다.

(2) 망상층

진피의 두께의 4/5를 차지하며 교원섬유와 탄력섬유가 풍부하여 피부의 구조를 구축하며 탄력성과 신축성을 부여한다.

(3) 진피구성물질

① 섬유 : • 교원섬유 - 진피의 70%를 차지 탄력성은 작으나 탄력섬유와 함께 피부에 장력과 탄력성을 제공한다.
• 탄력섬유 - 피부에 탄력성을 제공하며 피부를 당길 때 1.5배까지 늘어나며 놓으면 다시 원래 상태로 돌아가는 탄력성을 제공한다.
• 망상섬유

② 세포 : • 고정세포 - 섬유아세포-섬유세포와 세포외기질은 생산한다.
• 이동세포 - 비만세포, 대식세포, 림프구, 과립성백혈구 등이 있다.

③ 기질 : 물, 미네랄염, 거대분자들로 구성되며 진피의 염분과 수분균형과 수분보유기능 등의 역할을 수행한다.

5) 피하지방층

지방엽으로 구성되며 지방소엽에는 지방세포들로 채워진다. 지방세포들은 유일한 지질 액포들을 포함하고 있으며 세포질에서 핵과 세포질 소기관들이 관찰된다.

피하지방층의 지방세포들은 지방을 생산하여 체온의 손실은 막는 체온보호기능과 신체 내부를 보호하는 물리적보호기능과 잉여 에너지를 저장하는 기능을 한다.

피하지방층의 순환장애가 일어나 교원섬유의 탄력성이 저하되는 현상과 피부표면이 울퉁불퉁해지는 현상을 셀룰라이트라고 한다.

6) 피부부속기관

피부에는 표피, 진피, 피하조직 이외에도 피부가 변형되어 생긴 부속기관이 존재한다. 피부의 부속기관은 한선, 피지선, 손・발톱, 모발 등으로 구성된다.

(1) 한선

한선은 땀샘이라고 하며 땀을 분비하여 피부표면에 피지와 유화되어 피지막을 형성한다.

한선은 소한선과 대한선으로 구성된다.

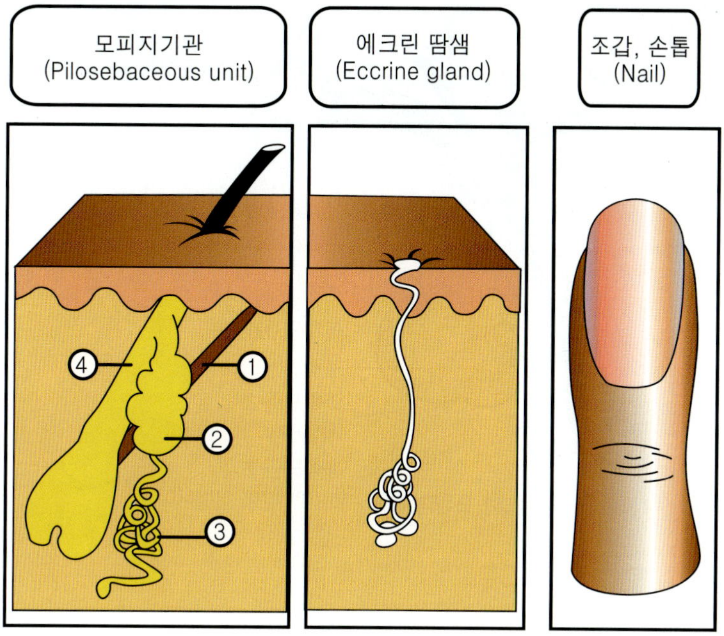

그림 3-7 피부의 부속기관

① 기모근(Arrector pili muscle)
② 피지선(Sebaceous gland)
③ 아포크린 땀샘(Apocrine gland)
④ 모낭(Hair follicle)

① 소한선(에크린선)

전신에 분포되어 있으며 분비량은 시간당 약 30cc정도 분비하며 하루 약 700~900cc정도 분비하며 나이가 들수록 분비량은 줄어든다. 땀의 산도는 pH 3.8~5.6로서 99%의 수분과 1%의 염분, 요소, 젖산, 요산, 암모니다, 크레아티닌 등으로 이루어져 있다. 또한 땀에는 우로카닉산이라는 성분이 있어서 자외선 차단 기능을 한다.

② 대한선(아포크린선)

대한선은 전신에 분포하지 않으며 특정부위인 액와, 유두, 배꼽 주변 등에 존재한다. 아포크린선은 여성이 남성보다 더 발달해 있으며 인종적으로는 흑인, 백인, 동양인 순이다. 땀의 산도는 pH 5.5~6.5이며 색은 흰색 또는 노란색의 농도가 짙은 분비물이며 단백질함량이 많아 세균번식이 호발하며 이렇게 부패되면 악취를 생성하게 된다. 이와 같은 체취를 암내(액취증)이라 한다.

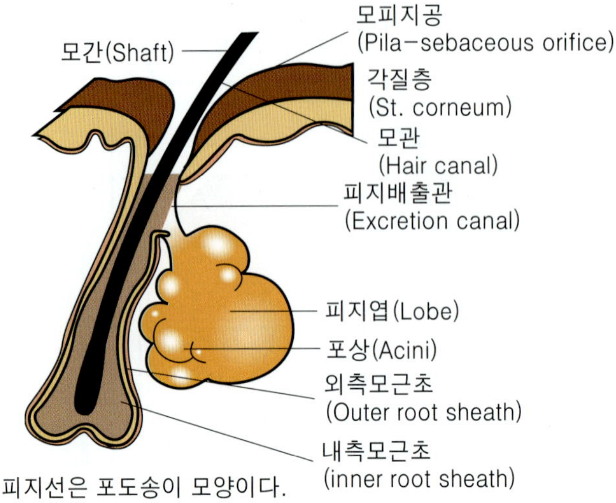

그림 3-8 **피지선의 구조와 기능**

(2) 피지선

피지선은 진피의 망상층에 존재하며 모낭 주위에 연결되어 피부표면에 모공을 통해 개구한다. 하루 피지분비량은 1~2g이다.

피지선의 종류는 대부분의 피지선에 해당하는 모낭과 연결된 모피지선과 모낭에 연결되지 않은 독립피지선이 존재한다. 독립피지선은 주로 윗입술, 구강점막, 유두, 눈꺼풀 등에서 확인된다.

피지선은 손·발바닥과 아랫입술에는 존재하지 않고 얼굴, 등, 가슴 앞 부위 등에는 발달해 있다.

피지구성성분은 약 50% 정도는 중성지질(triglyceride)이며 인지질, 왁스에스텔, 스쿠알렌, 콜레스테롤 등으로 구성된다. 피지의 분비량 많아지면 피부표면은 번들거리며 모공의 크기는 커지게 됨으로 지성피부의 특성을 가지게 된다.

2. 피부의 기능

피부의 구조를 보면 피부는 매우 복잡한 기관임을 알 수 있다. 피부의 중요한 생리학적 기능은 보호, 교환, 체온유지, 감각, 비타민 D생성으로 나눌 수 있다.

1) 보호기능

피부의 가장 중요한 기능은 외부의 여러 가지 자극과 공격에 대한 인체 보호 기능이다. 자극과 공격의 종류에 따른 보호작용을 몇 가지로 분류해 보면 아래와 같다.

(1) **기계적 보호작용** : 외부의 자극 중 절단, 찔림, 당김 등 외상성 위험요인으로 부터의 보호작용으로 피하조직은 쿠션역활을 하여 물리적 충격을 막는 효과 즉 압력으로부터 피부를 보호하며 진피는 장력을 유지하며 늘어나는 성질로 표피를 보호하고 신경섬유와 혈관들을 보호한다. 또한 표피는 팽창성(extensibility)을 가지며 당기는 힘에 대해 저항한다. 약 5%까지는 유연하며 더욱 지나치면 변형과 파열을 가져온다.

(2) **화학적 보호작용** : 각질층은 화학적요인에 대한 저항성을 가지며 항상 약산성(pH 4.5~5.5)을 유지하며 강알카리성물질과 변성불질(denaturant)들에 의해서만 분리된다.

(3) **체온 보호작용** : 각질은 외부온도를 방어하며 진피는 추위와 더위에 따라 입모근의 수축이나 혈관의 확장을 통해 온도를 조절하며 피하조직은 단열제의 기능을 한다.

(4) **자외선에 대한 보호 작용** : 태양광선 중에서 자외선이 피부에 노화와 색소침착을 유발하는 광선이다. 피부에서 자외선을 저항할 수 있는 단계는 여러 단계를 걸쳐 진행된다. 땀에 있는 우로카닌산에 의해 UVB가 선택적으로 차단되며 피부의 각층에서 빛을 굴절시키며 멜라닌세포가 색소의 생성을 증가시켜 자외선을 90% 이상을 흡수하고 반사 시킨다.

(5) **미생물 침투에 대한 보호** : 각질층은 물리적 장벽역활을 하며 약산성피지막은 세균의 번식을 억제시킨다. 장벽기능이 소실 된 때에는 염증반응이 일어나며 염증반응은 혈관을 확장시켜 대식세포를 모여들게 한다. 또한 피부에는 랑게르한스 세포가 존재하여 항원을 감지하여 림프구로 보낸다.

(6) **수분 보유와 건조에 대한 보호** : 표면의 피지막과 천여보습인자로 인해 정상수분보유량인 약 15%수분을 보유할 수 있다.

2) 교환기능

각질층은 단순한 물리적 장벽기능이 아니라 필터로서 역할을 한다. 수분이 공기 중으로 빠져나가는 것을 막아주며 단백질과 전해질의 유실을 막아주며 피부호흡을 통해 가스의 교환을 한다. 또한 흡수에 있어서는 지질흡수가 가장 용이하며 물질을 선택적으로 투과시킨다.

3) 체온유지의 기능

외부의 온도가 어떻게 달라지던지 항상 체온을 36.5℃ 유지할 수 있는 항상성을 가진다. 외부 기온이 떨어지며 열발생을 증가시킨다. 열 발생 증가는 근육의 진동과 소름, 진피의 혈관수축, 피하지방의 단열 등으로 이루어 진다. 외부온도가 오르면 진피는 혈관을 확대하며 발한하여 피부온도를 낮추는 기능을 한다.

4) 감각의 기능

피부감각은 압각, 촉각, 통각, 온각, 냉각이 존재하며 압각은 파치니소체에 의해 촉각은 마이스너소체, 통각은 자유신경종말에 의해 온각은 루피니소체, 냉각은 루피니소체에 의해 감지하며 그 외에도 근방추와 골지건기관이 있어 근육의 긴장도를 조절한다.

5) 비타민 D 합성

UVB는 비타민 D 합성에 중요한 역할을 한다. 즉 프로비타민 D가 UVB에 의해 비타민 D를 생성한다.

3. 피부의 유형

1) 정상피부

유 · 수분이 적절히 조화된 가장 이상적인 피부이며 중성피부라고도 불린다. 보통 피부노화는 25세를 이후부터 진행되는데 정상피부는 노화진행 전에 볼 수 있는 피부 유형이다. 환경적 영향에 쉽게 변화 되며 관리 시 현재의 상태 유지가 관리의 궁극적인 목적이 된다.

◆ 특징 및 관리방법

- 피지분비가 정상적이며 피부표면에 윤기가 흐르며 매끄럽다.
- 한선의 분비가 정상적이며 피부표면이 촉촉하다.
- 매일 아침 저녁의 올바른 기초손질을 유지하여 유수분의 균형을 유지한다.
- 피부결이 섬세하며 모공의 크기는 작으며 약간보이는 상태이다.
- 피부트러블이나 색소침착이 없다.
- 피부청결을 위해 딥클렌징을 정기적으로 행하며 노화방지를 위해 정기적인 마사지와 보습팩과 영양팩을 주1회 정기적으로 행하며 피부를 활성화 시킨다.
- 피부는 탄력적이며 주름이 거의 없고 세안 후 당김 증상노 거의 없다.
- 비누세안을 자주 하지 말고 균형있는 식생활을 한다.

2) 건성피부

건성피부의 원인은 선천적인 원인과 후천적인 원인으로 나누어 볼 수있다. 선천적 원인은 건강상태, 잘못된 세안 습관, 사외신 노출 등이 있다. 선천저원인에 후천적인 환경적 요인이 더해져 피부의 노호를 더욱 빠르게 진행시킨다.

◆ 특징 및 관리방법

- 각질층의 수분이 10% 이하이다.
- 피부표면이 항상 건조하고 표정주름이 쉽게 나타난다.
- 모공이 작고 각질이 들뜬다.
- 과도한 자극(사우나, 좌외선, 일광욕 등)으로 인해 피부의 수분증발을 막는다.
- 세안 시 피지막이 제거되지 않도록 유의해 피부에 맞는 클렌징제를 선택한다.
- 기초화장 중 크림류를 사용할 때 곧바로 스며들고 메이크업 화장 시 들뜬다.
- 피부저항력이 약해 예민해 지기 쉽다.

• 보습물질이 함유된 크림, 앰플, 농축액, 마스크류를 규칙적으로 사용하고 보습제품의 흡수력을 높이기위해 초음파기기, 갈바닉기기 등을 함께 사용한다.
• 식생활에서도 비타민 A의 섭취를 충분히 한다.

3) 지성피부

건성피부는 과도한 피지 분비가 원인이 되며 피지 분비의 원인으로는 먼저 내적인 요인으로는 유적적 원인과 남성호르몬의 과도로 볼 수 있다. 또한 외적인요인으로는 스트레스, 환경적 요인(고온다습, 오염된 공기 등)으로 볼 수 있다.

◆ 특징 및 관리방법
• 각질층이 두껍고 피부결이 불규칙하며 거칠다.
• 모공이 넓고 피부의 번질거림이 심하다.
• 딥클렌징제를 주기적으로 사용하여 각질을 제거한다.
• 화장이 잘 받지않고 쉽게 지워진다.
• 색소침착과 면포 등 여드름 발생이 쉽다.
• 피부청결과 클렌징에 중점을 두고 관리한다.

4) 복합성피부

두 가지 이상의 피부타입을 공존하고 있는 형태를 말한다. 흔히 T-zone은 지성피부 특성이 호발하고 U-zone은 건성피부 특성을 가지고 예민화된 상태가 된다.

◆ 특징 및 관리방법
• T-zone : 지성피부 관리법으로 관리하며 피지를 조절하고 청결에 중점을 둔다.
• U-zone : 건성피부 관리법으로 관리하며 피부 보습과 진정관리에 중점을 둔다.

4. 문제성피부

1) 여드름피부

순수우리말로 심상성좌창이라고 하며 사춘기에 왕성해지는 특성을 가진다.

보통은 여드름은 피지분비의 증가와 모공의 과각화증상으로 모공입구가 좁아져 피지가 모공내에 고여 면포가 생기며 여기에 균의 증식으로 염증이 일어나는 질환이다. 그러므로 여드름은 얼굴에만 생기는 것이 아니라 모공이 있는 곳 즉, 피지선이 발달한 곳은 어디든지 발생가능하다.

(1) 발생원인

① 피지분비과잉

남성호르몬의 증가는 피지선을 자극해 피지분비량을 증가시키며 여성에게서는 주로 생리 약 1주일전에 여드름이 심해지며 그때는 임신유지호르몬인 프로게스테론이 증가함으로 피지분비량을 증가시킨다. 이렇게 호르몬 중 남성호르몬인 안드로겐(테스토스테론)과 여성호르몬 중에서 프로게스테론 피지분비량을 증가시킨다. 또한 스트레스나 유전적요인도 피지분비량을 증가시키는 요인이 될 수 있다.

② 모공의 과각질화

피지선의 과각화현상은 모낭 내 표피세포의 증식과 더불어 각질이 쉽게 떨어져 나가지 못하고 유착됨으로 더욱 악화된다. 과각화의 원인으로는 피지의 조성 성분 중 콜레스테롤의 감소는 각질형성세포 사이의 결합을 약화시킴으로 유발되며 또한 리놀렌산이 감소하면 표피의칼슘농도가 변화되어 DNA합성을 증가, 모낭 내 표피세포의 증식과 과각화현상이 증가된다.

③ 염증반응

여드름 균인 Propionibacterium acnes가 피비선의 모낭내 증식하게 되면 여드름균의 먹이인 중성지질은 감소하고 여드름균의 지방소화효소에 의해 지방산의 양은 증가함으로 지방산은 모낭을 더욱 예민하게 만들고 모낭 손상되면 백혈구가 모여들어 염증반응이 유발하게 된다.

④ 기타

유전적인 요인과 잘못된 피부관리 습관(지나친 세안과 여드름유발 화장품성분)과 외부환경(고온다습)이 요인이 될 수 있다.

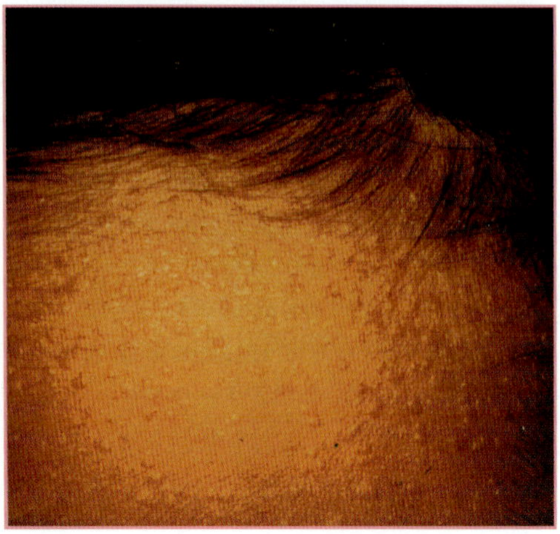

그림 3-9 편평사마귀

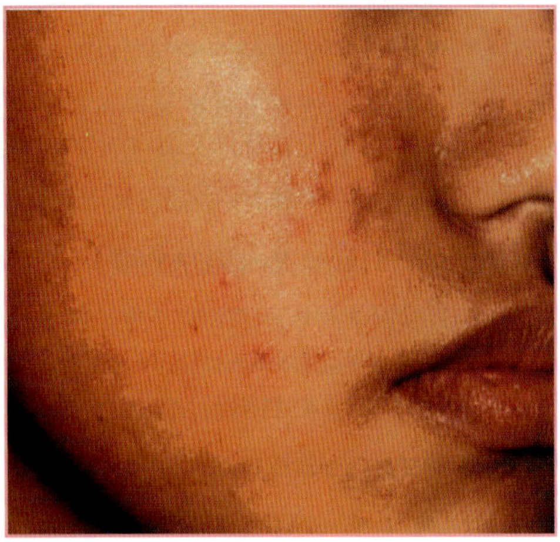

그림 3-10 심상성 여드름

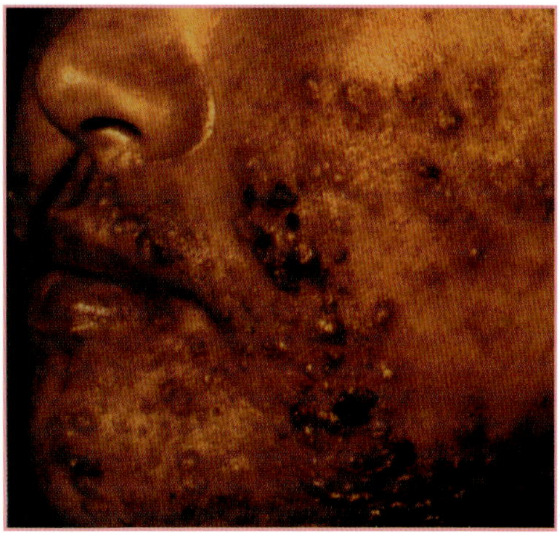

그림 3-11 농포성 여드름

(2) 여드름의 종류

① 면포 : 초기에 나타나는 여드름을 면포라고하며 면포에는 두 가지 종류가 있다. 육안으로 하얗게 보이는 것 마치 좁쌀처럼 보이는 것을 화이트헤드, 닫힌 면포라고 한다. 나머지 하나는 육안으로 관찰시 검게보이는데 이를 블랙헤드, 개방 면포라고 한다.

② 구진 : 육안으로 붉게 보이며 염증성여드름의 시작이다. 블랙헤드나 화이트헤드 상태에서 여드름균이 증식하여 염증반응으로 구진이 생기게 되며 붉은 몽우리가 만져지며 촉지 시 통증을 느끼기도 한다.
③ 농포 : 고름이 보이는 여드름이며 보통은 표재성으로 존재한다.
④ 결절 : 심재성 여드름이며 크기에 소결절과 대결절로 분류하며 홍반과 통증을 동반한다.
⑤ 낭종 : 모공벽에 깊고 넓게 파열되어 염증이 생성된다. 출혈성 가피가 생기며 여러개의 모공이 거대한 염증이 발생한다.

(3) 여드름 관리법

① 피지조절

- 레티놀 : 면포를 억제해 주며 모공을 열어준다.
- 카올린 : 중국점토라고도 하며 피지와 땀을 흡착한다.
- 벤토나이트, 머드 : 흡착작용
- 아연, PCA, 아젤릭산, 옥토시글리세린, 유니트리엔올 등

② 과각질화 조절

- 알파하이드록시산 : 천연과일산에서 추출하며 각질세포사이의 결합력을 약화시킨다. 보습과 영양공급 기능
- 베타하이드록시산 : 살리실산이라고 하며 각질제거와 피지조절작용이 있다.
- 황 : 각질분해와 항균과 피지흡착 작용을 한다.
- 파파인 :파파야에서 추출한 효소 복합체
- 레조르신, L-아르기닌, 레티놀 등

③ 염증완화

- 비사보롤, 캄포, 그리시리지산, 녹차추출물, 티트리, 어성초추출물, 윗치하젤, 아연 등

2) 색소침착

(1) 멜라닌 세포

멜라닌 세포는 표피의 기저층에 존재하며 수지상 돌기를 가지 세포이다. 멜라닌세포 내에 리보솜에서 티로신은 티로시나아제라는 효소에 의해 산화반응을 겨쳐 멜라닌소체가 생성된다.

(2) 색소침착이상피부

① 주근깨

유전적요인에 기인하고 사춘기전후에 심해지며 나이가 들어가면서 감소한다. 황갈색 혹은 검은 반점으로 불규칙하고 경계가 불명확하다.

② 기미

연한갈색, 흑갈색, 암갈색의 다양한 크기와 불규칙한 형태이며 후천적인 과색소 침착증이다. 주로 얼굴, 광대뼈, 이마, 눈썹 위 등에 좌우대칭으로 나타나며 경계는 확실하지만 불규칙한 모양이다. 원인은 다양하며 대개 임신 기간에 나타나며 출산 후 서서히 소실되나 자외선에 의해 더욱 악화된다. 또한 간질환이나 내분비계 질환으로 생겨나기도 한다.

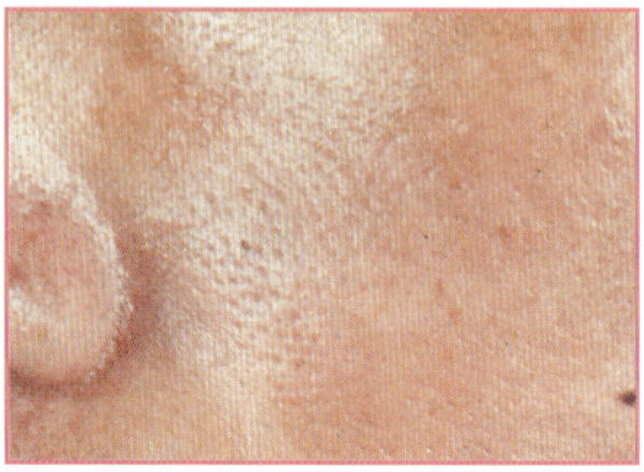

그림 3-12 기미

③ 노인성반점(흑자)

경계가 명확하며 검은색 또는 갈색의 둥근 반점으로 크기는 다양하다. 주로 50세 이후에 호발하며 얼굴, 손등, 어깨 등에 걸쳐 주로 햇빛 노출 부위에 생긴다.

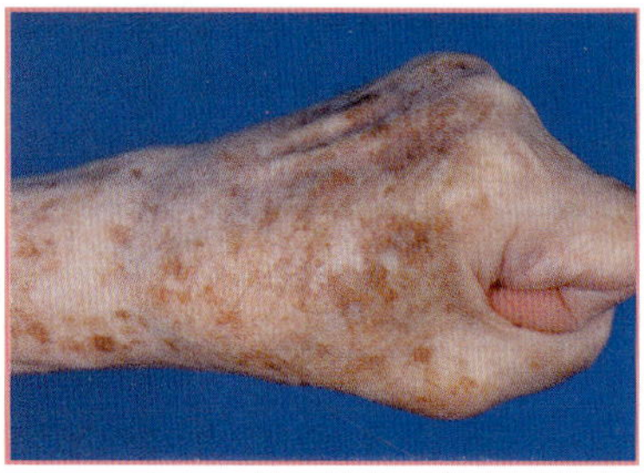

그림 3-13 일광성흑자, 검버섯

④ 지루성 각화증

검버섯이라고도 부르며 경계가 뚜렷한 사마귀 모양의 우둘투둘한 표면을 가지고 있으며 시간이 오래지난 것일수록 색상이 진하고 인설로 두덮혀있다.

⑤ 백반증

후천적으로 멜라닌세포의 결핍으로 여러가지 형태와 크기의 백색반들이 피부에 나타나는 것이다.

⑥ 백색증

선천적인 증상으로 멜라닌세포의 수는 정상적이지만 티로시나아제의 활성이 결여되어 멜라닌소체를 합성하지 못하는 것이다.

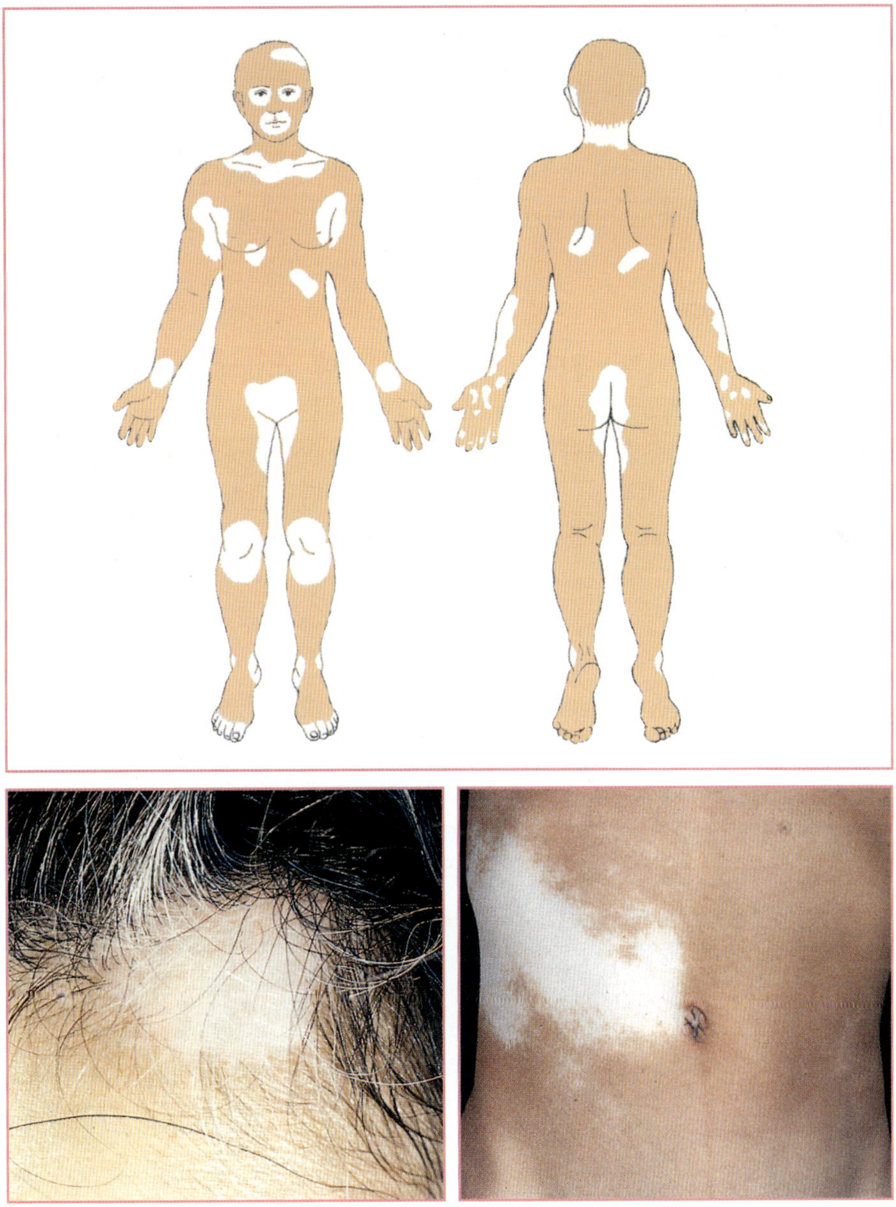

그림 3-14 백반증

(3) 멜라닌 색소 억제

① 미백제

알부틴과 하이드로퀴논은 티로시나아제의 활성화 억제제이다. 코직산은 티로시나아제의 활성화를 억제시키나 피부를 예민하게 하여 접촉성피부염을 유발 시킬 수도 있다. 그 외에도 비타민 C와 유도체, 알파하이드록시산, 태반추출물 등이 있다.

② 자외선차단제

- 화학적차단제 : 자외선흡수제(옥틱디메칠 파바 octyldimethyl paba, 옥틸메톡시산나메이트 octyldimethoxy cinnamate, 벤조페논 benzophenone, 디벤조일 메탄 dibenzoyl methane, 파라아미노벤조산 para-aminobenzoic acid 등)
- 물리적차단제 : 자외선 산란·흡수제(이산화티탄 titanium dioxide, 산화아연 zinc oxide, 탈크 talc, 카올린 kaolin 등)

3) 노화성피부

노화는 인간이 피해갈 수 없는 현상이다. 시간이 흐름에 따라 생리적 기능이 쇠퇴하는 현상을 노화라고 한다. 노화는 여러 가지 요인을 두고 논의 있으며 확실한 원인을 찾지는 못하였다. 노화의 여러 가지 요인으로 가장 많이 지지되고 있는 것은 자유라디칼이론(유리기설)이며 활성산소에 의해 세포막이 손상되며 노화가 일어난다는 것이다. 그 외에는 DNA프로그램이론, 유전자 복제손상 이론, 유전자정보오류 이론, 교차결합이론, 섬유화이론 등이 있다.

(1) 피부의 노화 형태

노화의 원인에 따라 내인성노화인 생리적 노화와 자외선에 의한 광노화로 분류할 수 있다.

자외선 흡수제는피부에 적용시 접촉성피부염을 일으킬 수 있으며 자외선 차단제는 자외을 산란, 반사시키며 백탁현상을 일으킨다.

각 특징은 표 3-2와 같으며 표피와 진피의 두께가 자연노화에서는 얇아지나 광노화에서는 두꺼워지나 정상적인 두께의 증가가 아니라 비정상적인 변성의 상태로 두께가 증가된다.

(2) 노화 피부관리

- 자외선의 차단 : 광노화, 자연적노화 자외선으로 인해 노화가 촉발됨으로 자외선 차단은 필수사항이다.
- 적절한 유・수분공급
- 딥클렌징을 주기적으로 시행하여 과각질을 제거하며 진피의 섬유성분을 자극해 결체조직을 강화시킨다

표 3-2 **표피층과 진피층의 차이**

특 징		자연노화	광노화
표피층	표피의 전체두께	얇아짐	두꺼워진
	피부표면	매끄럽고 잔주름	거칠고 굵은주름, 잔주름
	피부건조증	약간있음	매우심함, 피부처짐
	각질층의 두께	약간 두꺼워질 수 있다	두꺼워짐
	멜라닌세포	감소	증가
	케라티노사이트	균일	균일하지 않나.
	랑게르한스세포	세포수 약간 감소	현저한 감소
	표피와 진피의	접합부	편평해짐
진피층	진피의 전체두께	얇아짐	두꺼워짐
	콜라겐	감소	변질
	엘라스틴	감소	변성된 양적증가
	섬유아세포	감소	증가
	모세혈관	혈관확장 없음	혈관확장증

(4) 클렌징제의 종류

① 물 : 물은 산화된 피지, 크림, 로션류의 유성화장품은 씻어 내지 못한다.

- 찬물(10~15℃) : 가벼운세정효과, 혈관수축과 긴장감부여, 주로 세안마지막 단계에 유효하다.
- 미지근한물(15~21℃) : 간단한 클렌징 효과와 각질제거에 효과적이다.
- 따뜻한물(21~35℃) : 세정효과가 크며 각질제거효과가 용이하다. 혈관확장시키며 혈액순환을 돕는다.
- 뜨거운물(35℃ 이상) : 세정과 각질제거에 효과가 매우크다. 모공확장되고 땀, 피지분비가 증가 한다.
- 수증기 : 각질층 깊숙이 침투하여 세정효과를 주어 혈액순환을 강하게 촉진시킨다. 장시간 쐬면 피부탄력이 저하된다.

② 비누

계면활성제의 일종으로 표면장력을 떨여뜨려 물로 씻기지 않는 수성·유성의 더러움을 제거한다. 일반적으로 알카리성이므로 피부의 산성막을 파괴하는데 비누사용후에는 약산성화장수로 빨리 정상 pH를 회복시켜야 한다.

③ 클렌징폼

거품이 잘나며 약산성상태로 자극이 비누에 비해 덜하며 이중세안제로 적합하다.

④ 클렌징로션

친수성의 에멀젼 상태로 가벼운 화장을 했을 때 사용하기 적합하다. 물에 잘 녹는 성질이므로 건성, 노화, 민감성피부에 적합하다. 사용감이 산뜻하다.

⑤ 클렌징크림

친유성의 크림 형태이며 두꺼운 메이크업에 적합하며 클렌징크림 사용 후 잔여물이 남아 모공을 막아 피부장애를 일으키기 쉬우므로 반드시 이중세안이 필요하다.

좋은 클렌징제란?

세정력이 좋아야한다.

산성피지막을 파괴시키지 말아야 한다.

피부탈수가 심하면 안된다.

⑥ 클렌징오일

친수성의 오일 형태이며 물과 쉽게 친화되므로 짙은 화장을 제거할 수 있으며 자극없이 물로 씻어 낼 수 있다. 건성, 노화성피부에 적합하다.

⑦ 클렌징 젤

오일이 함유되지 않아 이중세안이 필요없으며 물로만 제거할 수 있다. 지성피부와 같이 오일에 민감한 피부에 적합하다.

⑧ 클렌징 워터

화장수 타입으로 끈적임이 없이 시원한 느낌을 준다. 가벼운 화장제거 시 사용된다.

(5) 화장수

세안 후 사용하는 화장수는 토닉, 토너, 토닉로션 등으로 불리며 일반적으로 정제수와 보습제, 알코올을 기본원료로 사용한다. 화장수는 세안후 남아 있는 노폐물과 메이크업 잔여물을 닦아내 피부를 청결하게 하는 기능을 한다. 화장수는 그 기능에 따라 유연화장수, 수렴화장수, 소염화장수로 분류한다.

① 유연화장수 : 천연보습성분 등의 보습성분이 함유된 화장수로 각질층의 보습막을 형성하여 피부를 촉촉하고 부드럽게 한다.

② 수렴화장수 : 모공을 수축시켜 피부결을 섬세하게 정리하는 화장수이다. 피부단백질을 긴장시켜 모공에서의 과다한 피지나 땀의 분비를 억제한다.

③ 소염화장수 : 모공수축에 효과가 있고 청량감 있는 화장수로 살균과 소독의 효과가 있다.

알코올

알코올 피부에 청량감과 모공수축, 살균의 효과를 가지는 장점이 존재하나 피부를 건조시키는 단점이 있으므로 사용상 주의할 필요가 있어 민감한 피부는 알코올 함량이 낮은 것으로 선택하던지 무알코올을 선택해야하며 살균과 소독의 효과는 근래에는 식물성 허브추출물로 대치대고 있다.

2) 피부분석

(1) 피부분석의 목적

피부관리는 고객의 피부상태와 피부유형을 명확하게 파악하고 화장품에 대한 이해와 적절한 선택, 매뉴얼 테크닉에 의해 이루어진다. 피부기능이 정상피부상태를 지향하는 것을 목적으로 성공적이고 올바른 피부관리를 하기 위한 기초자료로 삼기 위함이다.

(2) 피부상담

피부관리를 시작하기 전에 반드시 고객과 상담을 하여 고객카드를 상세히 작성해야 한다. 상담자는 전문지식을 바탕으로 문진하여 고객의 피부의 문제와 고객의 필요를 파악하고 이를 해결해 주기 위한 방법을 제시해야 한다.

- **상담 시 주의 사항**
  - 고객의 방문 목적이 무엇인지 구체적으로 파악해야 한다.
  - 피부관리시 요구되는 사항을 정확히 이해시켜야 한다.
  - 고객에게 신뢰감과 자신감을 부여한다.
  - 고객의 문제점을 이해 한뒤 해결책을 제시하며 고객과의 의견을 조율한다.

- **상담절차**

  인사단계 → 상담준비 → 고객관리카드 작성 → 방문목적과 피부문제파악 → 문제해결을 위한 관리방법 제시 → 관리→ 관리 후 상담

(3) 피부상담방법

문진 : 질문하고 답을 통해 상담하는 방법이다.
견진 : 육안이나 기기를 통해 시각을 통해 얻을 수 있는 방법이다.
촉진 : 당겨보거나 만져 봄으로 얻을 수 있는 방법이다.

3) 딥클렌징

(1) 딥클렌징(필링)의 정의

딥클렌징은 필링이라고도 하며 "껍질 벗기기"란 뜻을 의미한다. 각질을 제거하는 것을 말하며 다양한 종류가 있으므로 피부타입에 맞는 것은 선택하여야 하며 사후처

리 역시 완벽히 행해야 한다. 피부 표면의 죽은 세포인 각질과 피부 깊숙이 있는 화장품 찌꺼기, 피부의 노폐물 등을 제거하여 피지의 분비를 조절하고 모공입구를 깨끗이 한다. 메이크업을 많이 한 피부와 여드름성 피부와 지성피부는 주 1회, 건성과 민감성피부의 경우는 2~3주에 1회 정도 시행한다.

(2) 딥클렌징의 효과

① 피부표면과 모공속까지 클렌징의 효과가 있다.
② 피부의 불필요한 각질세포를 제거한다.
③ 면포를 부드럽게 한다.
④ 혈색을 맑게 한다.
⑤ 각질제거 후 영양 제품의 침투를 용이하게 한다.

(3) 딥클렌징(필링)의 종류

① 물리적 방법

스크럽(scrub), 엑스폴리앙(exfolliant), 고마쥐(gommage) 등의 이름으로 불리어진다. 밀기울, 아몬드씨, 살구씨, 조개껍질의 가루, 고령토나 규조토 같은 자연적 재료 등과 폴리에틸렌 비즈(인공의 알갱이)를 사용하기도 한다.

② 효소

단백질분해 효소인 파파인(papain) 등을 넣어서 만든 인공 재료로서 물과 결합을 해야 효과가 있다.

파우더형태의 필링제는 1~2스푼 미지근한 물에 잘 섞은 후, 크림타입과 마찬가지로 팩 붓을 이용하여 눈과 입술을 제외한 얼굴 전체에 일정한 두께로 펴 바른다. 스팀과 함께 사용하면 효과가 좋다. 15~20분 후에 젖은 해면을 이용하여 닦아낸다.

③ 화학적 필링

- AHA(Alpha Hydroxy Acids)
  여러 과일에서 추출한 과일산으로 글리콜산(사탕수수 추출물), 젖산(발효우유추출물), 주석산(포도추출물), 능금산(능금추출물), 구연산(감귤추출물) 등이 있다. AHA는 과각화의 원인인 각질세포의 응집력을 약화시켜 자연탈피를 유도시킨다. 매끄럽고 윤기있게 만들어 건강한 피부가 되도록 도와 주름까지 완화된다. 미백작용이 있어 색소침착피부에 개선효과도 있다. 건성, 노화피부, 여드름피부에도 사용된다. 화상, 피부염, 상처부위에는 AHA필링을 피한다.
- BHA(Beta Hydroxy Acids)

- 황(sulfa)
- 레틴산

4) 매뉴얼테크닉(마사지)

(1) 마사지의 효과와 목적

① 혈액과 림프의 순환 촉진
② 피부의 흡수능력 확대
③ 조직의 경직성 완화
④ 결체조직의 긴장과 탄력성 부여
⑤ 피부의 모세혈관 강화
⑥ 피부의 세정효과
⑦ 조직의 노폐물 제거

(2) 마사지의 실제

① 마사지시 유의사항

- 피부미용사의 손톱은 항상 짧아야 한다.
- 마사지 전 피부미용사는 자신의 손을 따뜻하게 한다.
- 밀착감을 유지한다.
- 너무 강한 마사지 동작은 림프관과 모세혈관이 파열될 수 있으므로 주의하도록 한다.
- 마사지 시에 동작의 세기, 속도에 따라 효과의 차이가 있으므로 유의하도록 한다.
- 마사지 시에 힘을 가하는 방법은 안면 중심에서 바깥쪽으로, 아래에서 위쪽으로 행한다.
- 화농성 여드름, 알레르기, 피부질환, 일광으로 붉어진 피부, 생리시 등 피부가 민감할 때나 정신이 불안정할 때에는 마사지를 수행하지 않는다.
- 마시지 시에 너무 빠른 동작은 피부의 민감함을 초래할 수 있음으로 속도 조절에 유의한다.
- 마사지 시에 크림류가 고객의 눈, 코, 입 등에 들어가지 않도록 주의한다.
- 피부미용사는 올바른 태도로 마사지하는 동안 고객에게 최선을 다한다.

② 피부타입별 마사지 적용

1회 마사지에 적정한 시간은 15분 정도이며 각 피부타입별 알맞은 마사지 횟수는 지성피부는 1회/주, 중성피부는 1~2회/주, 건성피부는 2~3회/주 정도가 적당하다.

(3) 마사지의 기본동작

① 쓰다듬기(effleurage)

• 효 과
- 혈액과 림프의 순환을 자극하여 독소를 제거한다.
- 모세혈관을 확장시킨다.
- 피부진정과 긴장완화의 효과가 크다.

• 방 법
- 부드럽고 느린 동작으로 손바닥 전체를 이용해 피부와의 접촉을 최대화 한다.
- 마사지의 시작과 마무리에 쓰이는 동작이다.

② 문지르기(friction)

• 효 과
- 피부의 신진대사를 활성화 시킨다.
- 기름샘을 자극하여 노폐물 제거에 좋다.

• 방 법
- 손가락 끝부분을 이용해 원을 그리며 가볍게 움직이는 동작이다.

③ 반죽하기(petrissage)

• 효 과
- 혈액순환 촉진
- 노폐물 제거
- 신진대사 활성화
- 피하조직과 결체조직 강화

• 방 법
- 손가락을 이용해 살을 반죽하듯이 잡았다가 푸는 동작을 반복한다.
- 손가락 전체를 이용해 피부를 부드럽게 잡고 동작을 시행한다.

④ 두드리기(tapotement)

• 효 과
- 혈액순환 촉진
- 신경 자극
- 피부의 탄력성 증대

• 방 법
- 손가락을 이용해 피부를 빠른 속도로 두드린다.

⑤ 진동법(vibration)

• 효 과
- 피부의 탄력 증가
- 근육의 이완
- 혈액과 림프의 순환

• 방 법
- 손 전체나 손가락에 힘을 주어 두 손을 동시에 움직이며 피부에 균일한 진동을 준다.
- 섬세한 자극을 주는 동작으로 너무 강하게 진동을 주어 머리가 흔들리는 정도의 세기는 행하지 않는다.

5) 팩

팩(pack)이란 영어의 'package', '둘러싸다'란 의미에서 유래된 말로 팩은 공기가 통하여 막이 형성되거나 굳어지지 않는 것을 의미하고, 마스크(mask)는 재료가 단단하거나 부드럽게 응고되어 하나의 막을 형성하는 것을 의미했지만 최근 팩과 마스크는 같은 의미로 사용된다.

(1) 팩의 효과

• 순환촉진(혈액순환, 림프순환)
• 신진대사 촉진
• 피지, 노폐물 흡착 등으로 피부청정 효과
• 각질제거의 필링효과
• 보습, 세포재생, 탄력강화 효과

- 진정효과, 수렴효과
- 염증완화, 살균효과
- 미백효과

(2) 팩의 제거방법에 따른 분류

① 필 오프타입(peel off type, film type)

팩제가 건조되며 피부에 긴장감을 주고 얇은 막을 형성시켜 떼어내는 팩 타입이다. 팩 제거시 피지 불순물 및 죽은 각질세포가 함께 제거된다.

② 워시 오프 타입(wash off type)

크림, 겔, 거품, 클레이, 분말 등 다양한 형태가 있으며 팩 도포 후 일정시간이 경과한 다음 물로 씻어 제거하는 타입이다. 피부에 자극이 적어 가정용 마스크로 많이 활용된다.

③ 티슈 오프 타입(tissue off type)

흡수가 잘 되는 크림이나 겔 형태로 10~15분 후 티슈로 닦아내는 타입이다. 보습, 영양효과가 뛰어나 건성, 노화피부에 적당하며 매일 사용해도 무방하다.

(3) 팩의 종류별 특징

① 크림 팩

사용감이 부드럽고 보습, 유연효과가 뛰어나 민감성, 건성, 노화피부에 적합하다. 워시 오프타입이나 티슈 오프타입이 있다.

② 겔 형태 팩

겔 형대로 필 오프타입과 워시 오프타입이 있다. 진정, 보습효과가 우수하여 민감성피부에 효과적이다.

③ 분말 팩

약초, 해초, 한방재료와 효소 등 다양한 재료를 분말제로 만든 것으로 팩 직전에 화장수나 정제수를 혼합하여 사용한다. 크림팩보다 흡수가 느려 사용시 건조를 막기 위해 스팀, 온습포를 사용하며 적외선을 이용하면 흡수력을 촉진시킬 수 있다

④ 클레이 마스크

진흙, 점토 등이 주성분으로 카올린(kaolin), 탈크(talc), 아연(Zinc), 이산화티탄 등의 분말성분과 글리세린 등의 보습성분을 혼합하여 만든 제품이다. 피지 흡착능력이 뛰어나 복합성, 지성, 여드름피부에 적합하다.

⑤ 무스 팩

기포를 이용한 미세한 피부 자극효과가 있고 산소마스크는 함유된 성분에 따라 미백효과가 다르다. 용기를 잘 흔들어 사용하고 10분 정도 지나면 제거한다.

⑥ 오일 팩

건조, 노화피부에 유연효과를 준다. 오일을 따뜻하게 데워 솜에 적셔 바른 후 10~20분 후 닦아낸다.

⑦ 왁스 팩

젤라틴과 파라핀이 있으며 온열기를 이용하여 사용 직전에 녹여 사용한다. 45℃ 이상의 발열효과를 이용한다. 건성, 노화피부, 발관리, 손관리에도 효과적이다.

⑧ 모델링 마스크

석고마스크와 고무마스크를 말하며 석고마스크는 열을 내여 영양액과 영양크림의 흡수를 최대화시킨다. 고무마스크는 해조류 추출물을 다량 함유하여 활성성분을 흡수시키며 민감성피부, 여드름 피부에도 효과적이다.

⑨ 벨벳 마스크(콜라겐 시트)

콜라겐과 다른 유효성분을 건조시킨 시트를 정제수나 제품을 이용하여 도포한 후 20분 후에 제거한다. 피부에 보습과 미백, 주름방지효과가 있다.

⑩ 천연 팩

제철의 신선한 과일이나 야채를 선택하여 즙을 내고 밀가루나 율무 등을 혼합하여 사용한다.

⑪ 한방 팩

한방 약제를 건조하여 분말로 사용하거나 끓여서 진한 농도의 상태로 만들어 사용한다.

6) 제모

(1) 일시적 제모

① 핀셋 : 털을 뽑을 때는 털의 성장방향대로 시행하며 뽑는 반대방향으로 피부조직을 신장시켜 털을 제거하도록 한다. 털을 제거한 뒤에는 진정화장수로 살균 및 소독을 행한다.
② 면도기 : 사용이 간편하며 빠른 효과를 볼 수 있다.
③ 왁스 : 넓은 부위의 털을 제거하는데 용이, 4주에 1회 정도 시행

◆ **온왁스**

- 이용부위 : 안면, 겨드랑이, 팔/다리의 국소부위
- 사용방법
  · 왁스를 수행하고자 하는 부위에 파우더를 발라 습기와 지방을 없앤다.
  · 해당부위의 털이 많이 긴 경우 가위를 이용해 1/3정도 잘라낸다.
  · 데워진 왁스는를 이용해 손목 안쪽에 발라보고 온도가 적당한지 확인한다.
  · 왁스를 털 난 방행대로 펴 바른다.
  · 부직포를 피부에 펴 바른 왁스가 피부와 완전히 밀착되도록 손으로 잘 눌러준다.
  · 왁스가 완전히 식기 전 빠른 동작으로 털의 반대 방향으로 떼어낸다.
  · 제거 후 안티 박테리아 로션/크림을 발라 피부를 보호해 준다.

◆ 냉왁스

- 이용부위 : 가슴, 팔, 다리 등의 넓은 부위
- 사용방법 : 온왁스와 사용방법이 동일하다.

④ 화학적 탈모(제모크림)

간단한 방법으로 제모를 행할 수 있는 방법이지만 사용시 반드시 첩포시험를 꼭 수행해야 한다. 손목의 안쪽이나 목뒤에 제품을 바른 후 10분가량 방치한 뒤 이상이 없는 경우 사용하도록 한다.

- 이용부위 : 겨드랑이, 팔, 다리(얼굴은 제외)
- 사용방법
  · 제모크림을 두툼히 바른 다음 5~10분 후 닦아내고 물로 깨끗이 씻어준다.
  · 제모 부위는 화장수로 정리하고 로션이나 파우더로 마무리 짓는다.

(2) 영구적 제모

① 전기 바늘 탈모법

· 전기바늘을 모낭에 삽입하여 모근을 파괴하는 방법으로 섬세한 기술이 요구된다.
· 전원을 킨 후 바늘을 모낭에 꽂는다. 이때 바늘이 모낭의 방향대로 진행되지 않으면 상처만 남고 제모의 효과는 얻을 수 없으므로 세심한 주의가 요구된다.
· 시술 후 소독을 행하고 진정크림을 바른다.
· 24시간 정도 씻지 않도록 한다.

② 전기 핀셋 탈모법

전기 핀셋을 이용해 고통 없이 털을 제거할 수 있으나 효과는 떨어지는 편이다.

전신관리

1. 아로마

1) 아로마테라피의 정의

향기나는 식물에서 추출한 에센셜오일을 사용하여 마음의 건강, 신체의 건강, 정신의 건강을 향상시키며 유지, 관리하는 것이다.

2) 아로마테라피 역사

- 아로마 오일에 대한 최초의 기록은 고대, 페르시아, 이집트의 문헌에서 볼 수 있다.
- 고대 이집트인들은 몰약을 시체에 발라 미라를 만들기도 한다.
- 기원전 4세기 경 히포크라테스에 이르러 체계적인 기틀을 마련되었다. 각종질병 치료에 사용되는 식물들을 체계적으로 기술하였다.
- 12세기경에는 이슬람 정벌에서 십자군이 돌아오면서 향료와 함께 순수한 아로마 오일을 추출해 낼 수 있는 증류법이 유럽에 소개 되었다.
- 1370년 헝가리워터는 최초의 알코올 향수이다.
- 1560년 프랑스 남부 '그라스' 지방에서 향기 식물을 본격적으로 재배되기 시작했다.
- 19세기 무렵에는 향기물질 화학성분을 분석하여 인체에 미치는 작용을 일부 과학적으로 증명하였다.
- 19세기 말경 과학적인 현대의학과 합성화학의 발달로 대량생산이 가능하여 아로마의 관심이 떨어졌다.
- 20세기 들어오면서 화학합성물질에 대한 부작용이 많다는 사실이 알려지면서 아로마테라피에 대한 인식이 재부각되었다.

3) 인체 흡수경로

(1) 호흡기에 의한 흡수

- 후각 : 아로마 → 코 → 후각신경 → 후구 → 대뇌변연계
- 호흡과 점막 : 아로마 → 코 → 부비강동 → 인두 → 후두 → 기관 → 기관지 → 폐포 → 혈관 → 온몸

(2) 피부를 통한 흡수

- 표피 → 진피 → 체액 → 림프액 → 혈액 → 온몸

4) 사용방법

(1) 램프확산법

아로마버너를 이용하여 공기 중에 확산시키는 방법으로 가장 많이 이용된다.

(2) 흡입법

- 건신흡입법 : 티슈나 손수건에 1~2방울 떨어뜨려 숨을 크게 수면서 흡입하는 방법이다.
- 증기흡입법 : 커다란 사발에 뜨거운 물을 붓고 원액을 1~2방울 떨어뜨린 후 20~30cm 거리를 두고 10~15분간 코로 흡입한다.

(3) 목욕법

따뜻한 욕조에 아로마 오일을 6~8방울 떨어뜨리고 깨끗이 씻은 몸을 20분 정도 담근다. 뇌와 폐, 피부로 향유가 스며들기 때문에 아로마의 효과를 골고루 느낄 수 있다.

(4) 마사지법

에션설오일을 캐리어 오일에 희석해 피부를 마사지 하는 방법이다.

(5) 습포법

대야에 물을 붓고 오일을 떨어뜨린 후 거즈를 적셔 환부에 대고 찜질하는 방법이다.

(6) 분사법

향유를 증류수에 잘 희석하여 펌프로 분사시키는 방법이다.

5) 추출방법

① 수증기 증류법 : 뜨거운 물이나 수증기를 이용하여 식물의 세포벽을 깨고 아로마 오일을 추출하는 방법이다.

② 압착법 : 식물의 과실, 특히 감귤류의 껍질 등을 직접 압착하여 아로마오일을 추출하는 방법으로 주로 레몬, 오렌지, 버가못, 라임, 그레이프푸루트 같은 감귤류의 향기성분을 얻는데 이용한다.

③ 용매추출법

- 휘발성용매추출법 : 휘발성 유기용매에 식물의 꽃을 일정기간 냉암소에 침적시킨 후 향기성분을 녹여내는 방법이다.
- 비휘발성용매추출법 : 동·식물의 지방유를 이용한 추출법으로 고대 이집트시대에도 이용되었을 만큼 오래된 방법이지만 현재는 몇몇 경우를 제외하고는 거의 시용하고 있지 않다.

6) 아로마 휘발속도에 따른 단계별 구분

구 분	특 징	오 일
상 향	휘발성 강하며 3시간 이내에 증발한다. 블렌딩 된 향의 성격을 결정짓는 역할을 한다. 오일 혼합 시 가장 빨리 향기를 느낄 수있다. 전체 향의 5~10% 차치	레몬, 유칼립투스, 오렌지 스위트, 그레이프루트, 주니어 베리, 페파민트, 클라리세이지
중 향	대부분 오일이 여기에 속한다. 부드럽고 원만하여 따뜻한 느낌 보통 6시간에서 2~3일 지속 배합에서 50~80% 차지	제라늄, 로즈우드, 블랙페퍼 카모마일, 라벤더, 마조람
하 향	하향은 이틀 이상 일주일까지 향을 유지한다. 피부 깊숙이 침투하며 깊고 심오한 느낌을 준다. 마음을 안정, 편안하게 하는 성분이 포함 전체의 5% 이내 배합	샌들우드, 쟈스민, 파츌리, 몰약, 프랑킨센스, 시더우드

표 5-1 캐리어오일 종류

구 분	특 징
호호바오일	아보카도 나무열매추출, 건성, 습진피부
아몬드오일	아몬드 종자에서 추출, 가려움증, 썬탠 후 진정효과
올리브오일	과실에서 추출, 수렴작용으로 건조한 피부의 주름예방에 접합
살구씨오일	살구씨 추출물로 각질제거 많이 사용 노화피부, 민감성피부 보습효과
맥아오일	5-밀의 씨눈에서 추출, 습진, 노화억제
달맞이유	달맞이 열매 추출, 불포화지방산의 트리클리세라이드를 함유함

7) 캐리오오일

에센셜오일은 단독으로 사용할 수 없으므로 마사지 할 때 캐리어오일과 섞어 사용한다. 캐리어 오일은 베이스오일이라고도 하는데 식물의 꽃이나 열매, 씨앗에서 추출한 것으로 에셔설오일과는 달리 향기도 거의 없고 더워져도 증발되지 않는다.

8) 블랜딩

아로마 에션설 오일을 2가지 이상 섞어 사용할 때 특정작용이 강화될 수 있다. 이러한 상승작용을 시너지 효과(synergy effect)라 한다. 19C 프랑스의 피아제에 의해 정립되었다.

2. 경락마사지

1) 경락과 경혈

경락은 인체의 기혈이 운행되는 통로이며 이 통로 중 특정 지점에 기가 모이는 곳을 경혈이라 한다. 경락은 경맥과 락맥을 합친 말이다.

- 경맥 : 경락의 큰 줄기로 인체의 상, 하, 종, 횡으로 몸속 깊이 분포되어 있다.
- 락맥 : 경맥에서 갈라져 나온 분지로 인체에 비스듬하게 분포되어 있으며 주로 표층에 분포되어 있다.

경락은 안으로는 장부와 밖으로는 사지, 근육, 피부 등의 각 조직, 기관과 연결되어 있으며 12경맥, 기경팔맥, 15별락, 12경근, 12피부로 구성되어 있다. 12경맥은 각각의 장(臟) 혹은 부(腑)와 연결되어 있다. 12경맥과 기경팔맥 중 임맥과 독맥을 합하여 14경맥이라고도 한다.

(1) 12경맥

경락 가운데 가장 주체가 되며 12정경이라고도 한다. 인체의 양측에 대칭으로 각기 상지, 하지의 내측, 외측으로 순행하며 하나의 장이나 부에 속한다.

① 수태음 폐경

폐가 주관하는 경맥으로 폐에 소속하며 대장과 표리관계를 이룬다.

- 순환경로 : 가슴 깊은 곳(중부) → 상지의 내측 전연 → 엄지손톱 가장자리 내측(소상)
- 주된 생리작용 : 호흡작용, 기와 체액 조정

② 수양명 대장경

대장이 주관하는 경맥으로 대장에 소속하며 폐와 표리관계를 이룬다.

- 순환경로 : 검지 말단(상양) → 상지 외측 전연 → 목 → 인중 → 코 옆(영향)
- 주된 생리작용 : 배설 작용

③ 족양명 위경

위가 주관하는 경맥으로 위에 소속하고 비장과 표리관계를 이룬다.

- 순환경로 : 눈 아래(승읍) → 목 → 가슴 → 복부 → 하지전면 외측 → 둘째 발가락 말단(여태)
- 주된 생리작용 : 소화작용, 소화를 돕는 신체운동, 체온발생 및 생식선 작용에 관여

④ 족태음 비경

비장이 주관하는 경맥으로 비장에 소속하고 위와 표리관계를 이룬다.

- 순환경로 : 엄지발가락 말단(은백) → 하지 내측 전연 → 복부 외측
- 주된 생리작용 : 저장작용, 소화선, 생식선 작용에 관여하고 복부의 기 공급

⑤ 수소음 심경

심장이 주관하는 경맥으로 심장에 소속되고 소장과 표리관계를 이룬다.

- 순환경로 : 겨드랑이(극천) → 상지 내측 후연 → 새끼손가락 말단(소충)
- 주된 생리작용 : 순환작용, 혈액순환, 감정적인 정신의 통제기능

⑥ 수태양 소장경

소장이 주관하는 경맥으로 소장에 소속되고 심장과 표리관계를 이룬다.

- 순환경로 : 새끼손가락 말단(소택) → 상지 외측 후연 → 견갑골 → 목 → 귀 앞(청궁)
- 주된 생리작용 : 조혈, 혈액순환

⑦ 족태양 방광경

방광이 주관하는 경맥으로 방광에 소속되고 신장과 표리관계를 이룬다.

- 순환경로 : 눈의 미간(정명) → 이마, 머리, 뒷목 → 등, 허리 → 하지 외측 후면 → 새끼발가락 말단(지음)
- 주된 생리작용 : 소변의 저장과 배설, 생식기능에 관여

⑧ 족소음 신경

신장이 주관하는 경맥으로 신장에 소속되며 방광과 표리관계를 이룬다.

- 순환경로 : 새끼발가락 → 발바닥(용천) → 하지 내측 후연 → 복부, 흉부 → 내측
- 주된 생리작용 : 체액성분, 뇌 분비기능 조정, 생식작용

⑨ 수궐음 심포경

심포가 주관하는 경맥으로 심포에 소속되고 삼초와 표리관계를 이룬다.

- 순환경로 : 유두 외측(천지) → 유방 → 상지 내측 정중앙 → 중지 말단(중충)
- 주된 생리작용 : 순환계, 혈액순환

⑩ 수소양 삼초경

삼초에 소속되고 심포와 표리관계를 이룬다.

- 순환경로 : 약지 말단(관충) → 상지 외측 정중앙 → 목 → 귀 뒤 → 눈썹 외측 끝(사죽공)
- 주된 생리작용 : 자연치유력, 재생, 소화, 생식선, 내분비작용 조절

⑪ 족소양 담경

담낭이 주관하는 경맥으로 담낭에 소속되고 간과 표리관계를 이룬다.

- 순환경로 : 눈의 외각(동자료) → 뺨, 귀 뒤 → 어깨, 옆구리 → 하지 외측 정중앙 → 네째 발가락 말단(규음)
- 주된 생리작용 : 담즙저장, 지방소화

⑫ 족궐음 간경

간이 주관하는 경맥으로 간에 소속되고 담낭과 표리관계를 이룬다.

- 순환경로 : 엄지발가락 말단(태돈) → 발등 → 하지 내측 중앙 → 옆구리(기문)
- 주된 생리작용 : 해독, 혈액저장

(2) 기경팔맥

① 독맥 : 순환경로는(장강) → 등 → 목, 머리의 정중앙 → 코 → 윗입술 내 잇몸(은교)
② 임맥 : 순환경로는(회음) → 복부, 흉부의 정중앙 → 아랫입술 밑(승장)
③ 충맥
④ 대맥
⑤ 음유맥
⑥ 양유맥
⑦ 음교맥
⑧ 양교맥

(3) 안면에 위치하는 경혈

① 백회 : 두정부에 위치. 신경진정, 불면증, 혈행개선
② 찬죽 : 눈썹 머리. 머리의 피로, 눈의 피로 개선, 눈 주위 주름 예방
③ 정명 : 눈머리. 눈의 피로 완화, 눈을 맑게
④ 동자료 : 눈꼬리. 눈꼬리 잔주름, 눈의 피로 완화
⑤ 사백 : 눈 중앙 아래. 눈의 피로, 눈꼬리 잔주름
⑥ 거료 : 콧방울 옆 약 2cm. 얼굴 피로, 얼굴 부종, 눈의 피로 완화, 상치통, 안면신경 마비
⑦ 영향 : 콧방울 옆. 코막힘
⑧ 수구 : 코밑 인중부위. 입가주름 예방 및 완화, 안면신경마비

⑨ 지창 : 입꼬리 부위. 입가 주름 방지, 안면신경마비
⑩ 승장 : 아랫입술 밑 중앙부. 입주름 방지, 하치통

(4) 경락 용어

① 경혈(經穴) : 기가 운행하는 통로 중 기(氣)가 모이는 특정부위. 침, 뜸의 치료부위
② 정혈(正穴) : 14정경에 있는 365혈
③ 아시혈(阿是穴) : 통증이 있는 혈. 과민압통점
④ 신혈(新穴) : 새로 발견된 혈
⑤ 기혈(奇穴) : 특효혈
⑥ 유주(流注) : 경락이 흐르는 방향
⑦ 허증(虛症) : 기능이 정상에서 미달됨, 허약함
⑧ 실증(實症) : 기능이 항진된 상태, 나빠진 상태
⑨ 촌법(寸法) : 길이를 재기 위한 단위
⑩ 오행(五行) : 모든 사물을 다섯 가지로 분류하고 오장육부에 배당

(5) 얼굴 부위별 오장육부의 연관

얼굴은 오장육부와 직접적으로 연결되어 있고 몸속의 상태가 민감하게 표현되는 곳인 얼굴의 피부는 위장이 주관을 하며 심장의 도움을 받는다. 얼굴 전체는 위장과 심장의 영향을 받지만 각 부위별로 주관하는 장기는 세분화된다.

부 위	주관장기	표리장기
이 마	심 장	소 장
왼쪽 볼	간	담
오른쪽 볼	폐	대 장
얼굴 중앙	비 장	위 장
입, 턱	신 장	방 광

① 경락 마사지시 주의사항

임산부인 경우 제외한다.
급성질환자, 전염성 질환자는 제외한다.
출산 후는 2개월이 경과한 후 시행한다.

(6) 지압

지압의 정의 : 체표에서 압력을 가해 특정부위를 누르거나 자극하는 수기요법

① 지압시 압의 강약

- 촉압(觸壓) : 피부의 표면에 스쳐 닿을 정도의 가벼운 누름
- 미압(微壓) : 누르는 힘을 피부 표면에서 부드럽게 느낄 수 있을 정도의 압
- 경압(輕壓) : 미압보다 조금 강하게, 누르는 힘이 피부를 거쳐 근육면에 미치는압
- 쾌압(快壓) : 시원하게 쾌감을 느낄 정도의 압, 경압보다 강함

② 지압의 효과

- 혈액, 림프액의 순환 촉진
- 경직된 근육이완
- 자율신경 조절, 내분비 장애 조절

표 5-2 오행속성에 의한 분류

오 행	색	오장육부	계 절	맛
목(木)	청	간/담	봄	신 맛
화(火)	적	심장/소장	여 름	쓴 맛
토(土)	황	비장/위장	장 하	단 맛
금(金)	백	폐/대장	가 을	매운맛
수(水)	흑	신장/방광	겨 울	짠 맛

③ 지압을 해선 안 되는 경우

- 고열, 부은 곳, 염증성 질환의 경우는 금한다.
- 척추, 늑골, 목의 앞부분은 피한다.
- 식후 1시간 후에 한다.
- 급성 전염병자는 금한다.

(7) 오행

음양의 원리를 바탕으로 자연계의 변화가 일정한 규율과 내재관계를 지니고 있다는 것을 근본으로 목(木), 화(火), 토(土), 금(金), 수(水)라는 5가지 요소를 오행이라 하고 이 5가지 요소를 통해 사물간의 상호현상을 설명한다.

① 상생(相生) : 서로 도움을 주는 관계

② 상극(相剋) : 하나의 사물이 일방적으로 다른 한쪽을 억제하는 것

3. 발관리

발은 모든 건강의 근원이며 제2의 심장이라 할 만큼 중요함을 강조하고 있다. 발에 문제가 생기면 전신에 여러 가지 이상증상이 생길 수 있다. 발반사요법은 부작용이 없다는 것과 적용대상이 폭넓다는 점에서 활용도가 넓으며 자연치유력을 증가시킨다.

1) 영역

발 관리의 3대 영역은 티눈과 굳은살 관리와 정맥마사지, 발반사요법(반사구)이 있다.

2) 건강한 발의 조건

- 발의 모양이 균형 잡혀야 하며 관절의 움직임이 원활해야 한다.
- 온기가 있어야 한다.
- 발바닥 가운데 부분(족궁)이 깊이 들어가 있어야 한다.

3) 정맥마사지

- 목적 : 청결, 피로회복, 울체된 혈액 이동
- 효과 : 신진대사 원활, 모세혈관 강화, 피부윤택, 피부온도 정상화
- 방법 : 쓰다듬기, 발바닥 쳐주기, 늘려주기, 비벼주기, 스트레칭, 튕겨주기

4) 발반사요법

(1) 주의사항

① 시작과 마무리는 배설기관의 반사구를 자극한다.
② 발반사 자극 후 30분 이내에 200cc 정도의 따뜻한 물을 마신다.
③ 임신중이나 생리중에는 가급적 금한다.
④ 수술 후엔 상처가 다 회복된 후에 시술한다.
⑤ 시술 중에는 고객의 반응을 살핀다.

(2) 발바닥에 5종류의 노폐물

① gas : 발바닥의 중심 부분(아치가 형성된 부분)
② 수분 : 발등
③ 지방 : 복사뼈 둘레
④ 요산 : 발가락과 발가락 사이
⑤ 중금속 : 발목, 무릎 등의 관절

5) 발 반사구

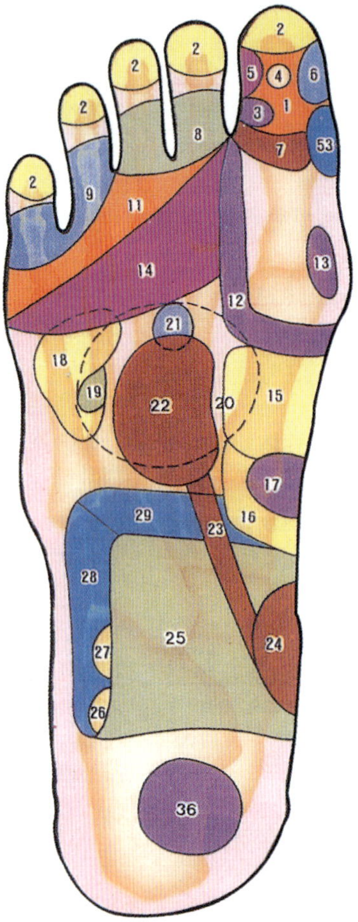

1. 머리(Head)
2. 전두동(Frontal sinuses)
3. 소뇌(Cerebellum)
4. 뇌하수체(Pituitary gland)
5. 삼차신경(Temporal area)
6. 코(Nose)
7. 목(Neck)
8. 눈(Eye)
9. 귀(Ear)
11. 승모근(Trapezoid)
12. 갑상선(Thyroid glands)
13. 부갑상선(Parathyroid)
14. 폐와 기관지(Lungs and Bronchi)
15. 위(Stomach)
16. 십이지장(Duodenum)
17. 췌장(Pancreas)

그림 5-1 **발바닥 반사구(오른발)**

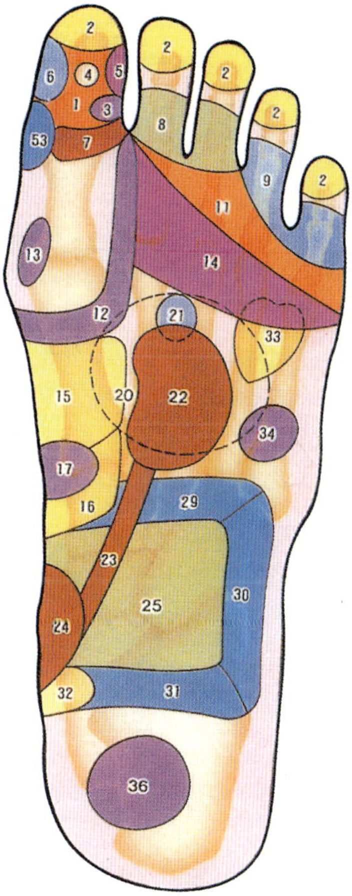

18. 간장(Liver)
19. 담낭(Gall Bladder)
20. 태양신경총(Solar plexus)
21. 부신(Adrenal glands)
22. 신장(Kidneys)
23. 수뇨관(Ureters)
24. 방광(Bladder)
25. 소장(Small intestines)
26. 맹장(Appendix)
27. 회맹판(lieocecal value)
28. 상행결장(Ascending colon)
29. 횡행결장(Transversume colon)
30. 하행결장(Descending colon)
31. 직장(Rectum)
32. 항문(Anus)
33. 심장(Heart)
34. 비장(Spleen)
6. 생식선(Genital glands)

그림 5-2 발바닥 반사구(왼발)

6) 발의 여러 가지 증세

(1) 굳은살

넓은 부위에 생기며 통증이 없다.

① 원인

맨발에 슬리퍼 착용하는 것과 같이 일정한 부분의 계속적인 압박이 가해짐과 수분 부족 등이 원인이 된다.

② 관리

굳은살은 버퍼, 크레도로 제거하며 면양말 착용후 구두, 운동화를 착용한다.

(2) 티눈

신발의 압박을 받아 피부변형으로 원추형, 마개모양 또는 별모양 형태로 나타남

① 원인

일정한 부분의 계속적인 압박으로 좁은 부위에 씨눈 같이 생기며 통증 유발된다.

② 관리

스칼펠(Skalpell)과 홀 프레져(Hohlfräser), 하우트창애(Hautzange)를 사용

(3) 피부무좀

① 원인

곰팡이 균에 의한 전염성 질병으로 습하고 통풍이 안 되는 곳에서 번식 강하다.

② 관리

신발과 양말을 자주 소독하고 구두 2~3켤레를 번갈아 신으며 발을 자주 씻고 잘 말려 습기를 없앤다.

(4) 갈라지는 발

① 원인

체중과다, 피부노화, 직업적인 영향, 표피층에 영양공급 부족으로인한 변화이다. 발바닥이나 발 가장자리에 주로 갈라지는 현상이다.

② 관리

물에 발을 담가 각질을 부드럽게 해주며 크레도나 버퍼를 이용해 각질을 제거하고 각질연화크림으로 각질을 부드럽게 만든다.

(5) 외반모지

① 원인

좁고 높은 신발로 인해 오는 엄지발가락 변형으로 중족지점 관절이 굽어 새끼발가락 방향으로 굽은 상태이다.

② 관리

발볼이 넓은 신발. 압박 붕대(교정붕대)를 이용한다.

(6) 평발

아칙 내려앉아 편평한 형태이다.

① 원인

수하족의 변형, 구루병에 의해 발생, 비만으로 체중 부담 받아 아치 내려앉아 있다.

② 관리

자극완화, 무리한 자극은 좋지 않다.

4. 림프드레나지

1) 적응증

- 순환 촉진
- 피부 재생관리
- 여드름
- 기타 : 주사(Rosacea), 안면 홍조증(facial erythroisis), 모세혈관 확장증(telangiectasis), 안면 부종, 혈종(haematomas), 안면-리프팅 후, 눈문 주머니(Tear sacs), 오래되거나 새롭게 생긴 켈로이드(keloids), 셀룰라이트, 비만관리 등에서 사용한다.

2) 금기증

- 악성 종양
- 급성 염증(acute inflammation)
- 단독(erysipelas)
- 혈전증(thrombosis)
- 심장 기능 부전

3) 엠엘디 시 중요한 사항들

엠엘디를 이용하여 림프액과 조직액의 흐름을 촉진하지만 동시에 이것을 적용하면서 조직으로의 유입은 증가시키지 않도록 해야 한다. 엠엘디의 기본적 손동작은 림프계와 조직의 생리적 상태에 따라서 달라진다.

- 손동작의 강도
- 손동작의 연속성
- 손동작의 지속시간 : 적어도 작용기에는 1초 이상의 시간이 소요되어야 한다.
- 손동작의 진행방향 : 항상 림프액이 흐르는 방향으로 진행을 해야 한다.

4) 적용 원리

림프액은 최종적으로 심장 안으로 들어가게 되는데 들어가는 유입구인 정맥각이 위치한 곳 주변부터 제일 먼저 마사지가 시행된다. 그러므로 해서 부은곳에서 보내온 림프액이 잘 흡수가 될 수 있는 환경을 만들어 진다. 이것의 의미는 부은곳에서 집중되어 있는 림프액이 원활히 흡수되기 위해서는 심장에서 가까운 곳에서부터 부은곳인 말초 방향으로 마사지가 시행되어야 한다는 것이다.

5) 엠엘디의 기본 손동작

- 고정원 그리기 : 적용부위는 주로 림프절이 모여있는 곳에 행해지며 그 외에 목과 얼굴에 적용을 한다
- 펌프 : 적용부위는 주로 팔이나 다리등에 적용한다.
- 말아서 올리기 : 적용부위는 주로 팔이나 다리 등에 적용한다.
- 로터리 : 적용부위는 주로 몸통에 적용한다.

6) 림프계의 구성림프계는 세 가지 주요소로 구성된다.

- 림프관(모세 림프관 → 전수집 림프관 → 수집 림프관 → 림프본관)
- 림프절
- 림프성액 또는 림프

7) 림프절의 기능(Function of the Lnn)

(1) 여과, 식균작용(Biological filtration and macrophagic action)

박테리아, 바이러스, 이물질, 그리고 다른 잠재적으로 병을 발생시킬 수 있는 병소뿐만 아니라 죽은 세포와 노폐물을 걸러서 분해하고 제거 해준다

(2) 농축(Concentration)

림프를 구성하고 있는 수분을 림프절 안에 있는 모세정맥 안으로 재흡수 시킴으로 해서 약 40%정도까지 림프액을 농축시킬 수 있다.

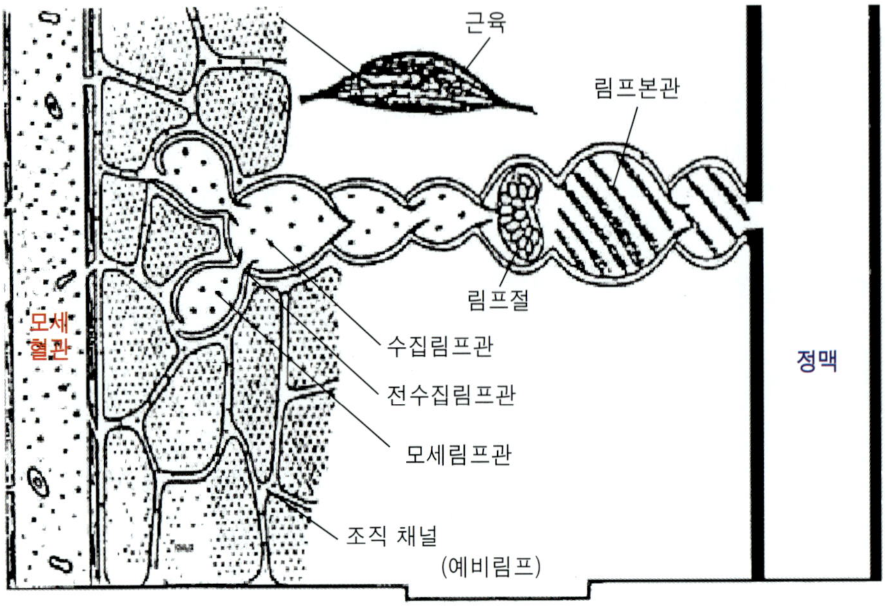

그림 5-3 림프계의 구성

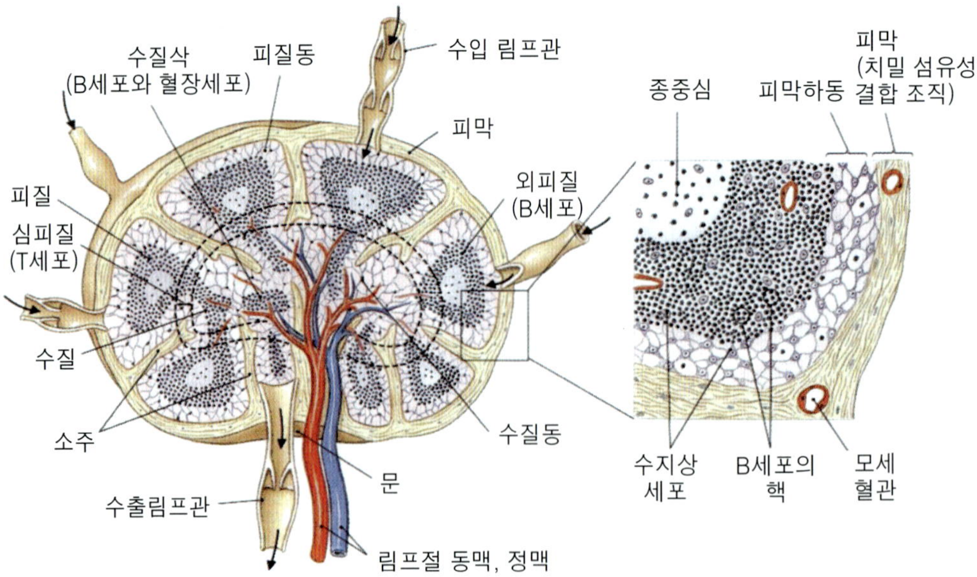

그림 5-4 림프절의 구조

(3) 림프구 생산(production of lymphocytes)

림프절의 림프조직은 무과립 백혈구인 림프구, 단핵구 및 형질세포(plasma cell) 등을 만든다. 이때 활성화된 B-cell은 종중심(germinal center)으로 이동하여 분열과 분화를 거쳐 면역모세포(immunoblast)가 형성되게 하며, 이들은 계속 분화하여 형질세포(plasma cell)와 기억 B-세포(memory B-cell)가 된다.

(4) 면역계 기능수행 : 1, 항체반응, 2. T-세포

피부미용기기학

1. 피부미용기기의 종류 및 기능

1) 피부 분석기기

(1) 확대경(Magnifying Glass)

- 육안으로 구분하기 어려운 잔주름, 색소침착, 면포를 비롯한 여드름 등의 미세한 결함을 찾아 낼 수 있도록 피부를 확대해 보여 주는 기기이다.
- 육안의 3.5~5배율의 확대경을 사용한다.

(2) 우드램프(Wood' s Lamp)

육안으로 보기 어려운 피지량, 피부민감도, 모공의 크기, 트러블요소, 색소 침착상태를 색깔로 진단할 수 있어 매우 편리하다. 가급적 주위를 어둡게 하여 고객의 피부로부터 5~6cm의 거리를 두고 측정한다.

표 6-1 피부상태에 따른 우드램프에 나타나는 피부색

피부상태	우드램프에 나타나는 피부색
정상피부	청백색
두꺼운 각질층 부위	하얀 가루상태
노화피부	자주색형광
건성피부	밝은 보라색
지성피부	오렌지색 - 분홍색
여드름성 요소	노란색 - 오렌지색
색소침착 또는 검은 점	갈색(암갈색)

(3) 수분측정기(Corneometer)

피부 표면의 각질층 수분 함유량을 측정한다.

(4) 유분측정기(Sebum Meter)

피부각질층의 유분함유량을 측정하기 위한 기기이다.

(5) pH 측정기

피부의 pH를 분석하는 기기로 피부 예민도 또는 유분기 등을 측정가능하다.

(6) 스킨스코프

피부와 두피를 80~200 확대하여 볼 수 있으며 출력이 가능해 관리 전·후로 객관적인 자료로 사용할 수 있다.

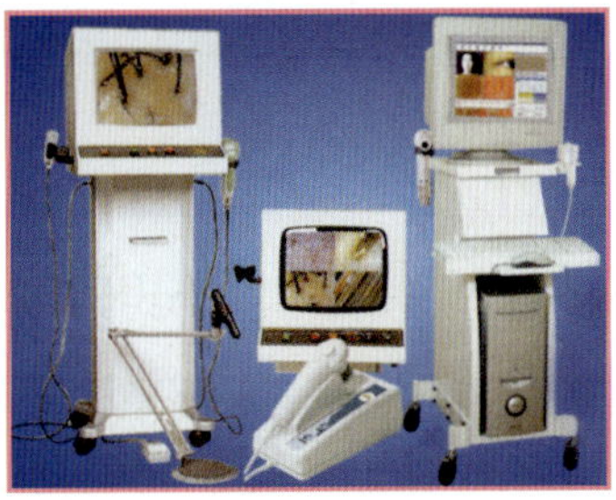

스킨스코프

(7) 체지방측정기

체지방측정기는 피하지방의 두께를 측정하는 간단한 기구인 캘리퍼(Caliper)와 전기의 인체 저항치를 측정한 임피던스법(Impedance)을 많이 사용하고 있다.

2) 피부미용기기

(1) 초음파기(Ultrasound)

초음파에서 사용되는 주파수는 1MHz이며, 이는 피부의 심부조직에 효과적이고 3MHz의 주파수는 표피층의 관리에 효과적이다.

① 온열효과 : 혈액 및 림프순환 촉진, 신진대사 증진, 조직이완

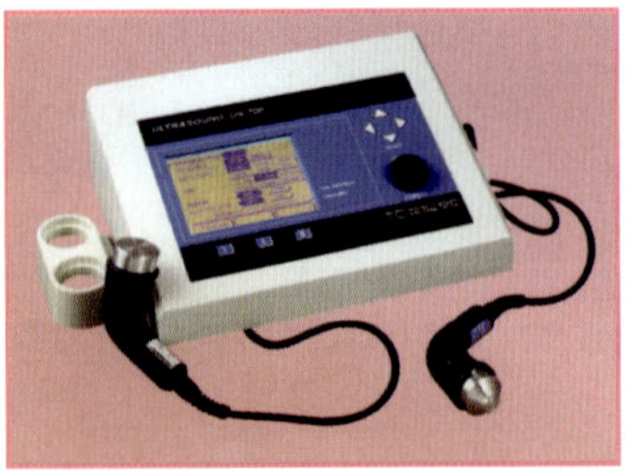

스킨 스크러버

② 물리적 효과 : 진동에 의한 피부세정효과, 조직의 유연성 증가, 근육이완에 의한 통증감소
③ 화학적 효과 : 피부의 pH 균형 조절, 진피 내 세포(섬유아세포, 콜라겐, 엘라스틴)의 활성도의 증가에 의한 탄력 증가세포, DNA 활성 증진, 피부재생효과 증진지방분해 작용

(2) 초음파를 이용한 기기 – 스킨스크러버(Skin Scrubber)

1초에 28,000회 이상의 초음파 에너지 진동으로 모공 속의 피지와 불순물을 제거한다.

① 스킨 스켈링(Skin Scaling)
② 제품침투관리(Premeation)
③ 리프팅(Lifting)관리

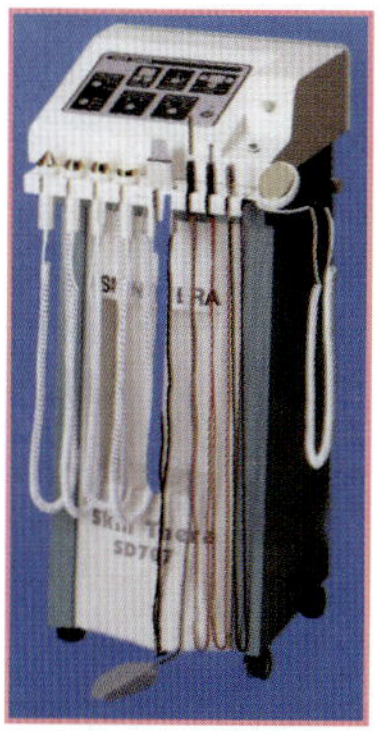

초음파기

(3) 저주파기(Low Frequency)

근육에 전기자극을 줌으로써 근육을 운동시켜 지방을 분해시키는 원리를 이용한다.

① 단시간에 근육을 운동시켜 체형관리의 효과를 준다.
② 근육의 운동을 통해 에너지를 발산시키고, 체액과 노폐물의 순환을 촉진시켜 신체의 정화기능을 돕는다.
③ 탄력증진을 도와준다.

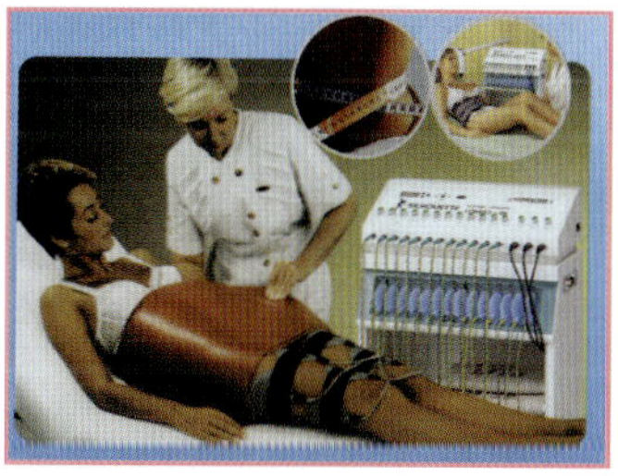

저주파기

(4) 중주파기(Middle Frequency)

전류의 진폭을 변조시켜 지방을 분해한다. 피부에 저항을 최소화하고 더 깊숙이 에너지를 전달할 수 있다. 효과는 저주파와 같다.

(5) 고주파기(High Frequency)

초당 진폭이 매우 빠르므로 전류가 튀는 느낌 없이 온열을 느끼게 된다. 무자극으로 열에너지를 체내에 발생시켜 세포를 활성화시키는 교류기기이다. 심부조직에서 에너지를 발생시켜 셀룰라이트 관리에 효과적이다.

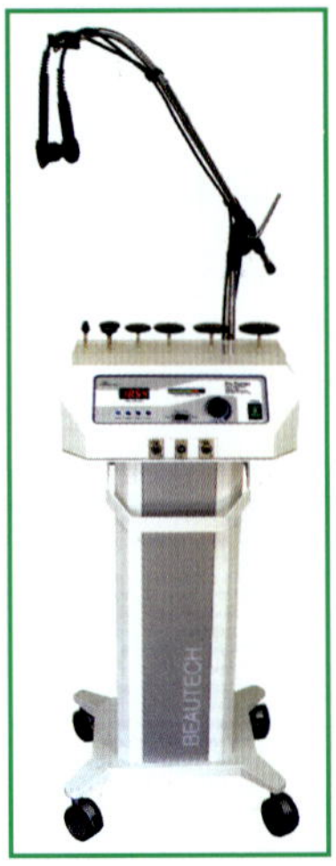

고주파기

(6) 진공흡입기

피부표면을 흡입하여 피부에 압을 가하면서 물리적 자극을 주어 마사지 효과를 나타낸다.

혈액순환과 림프순환증가, 부종과 수분축적 방지, 신체 내의 노폐물 축적방지

(7) 바이브레이터 기기

방향성 마사지법으로 기계적인 마사지를 제공함으로 근육의 긴장과 통증을 완화하고 지방분해를 촉진하여 비만관리에 사용된다.

(8) 림프드레나지 기기

림프순환을 원활하게 하기 위하여 적용되는 기기로서 맥박수와 적당한 압력 그리고 림프의 배출방향에 따라 관리를 할 경우에 림프드레니지 효과가 있다.

* 적용
- 림프선을 따라 림프기기의 전류를 이용한 압박과 흡입작용을 적용해 림프순환을 원활하고 빠르게 활동하도록 하므로 노폐물 배설이 촉진된다. 노폐물배설은 얼굴 및 신체 부종을 완화시키므로 비만관리 시 적용되기도 하고 림프순환은 셀루라이트 감소에도 매우 효과적이다.
- 신진대사를 활성화시켜 피부에 탄력을 준다.
- 세포 이완을 통해 모공세척이 용이해 여드름피부에도 적용된다.

3) 안면기기 종류와 사용법

(1) 스티머

피부표면 온도를 상승시켜 각질을 연화하고 혈관을 확장, 모공확장, 근육이완의 효과와 물질침투를 용이하게 한다.

* 적용방법
- 사용 전 미리 스위치를 켜둔다.
- 안면과 스티머의 거리는 약 30~50cm를 유지한다. 사용 후 물통은 잘 세척 해둔다.

(2) 분무기(스프레이, 루카스)

냉온증류수, 미네랄워터, 스킨로션 등을 용기에 담아 안개와 같은 작은 물방울을 분무 하는 기기를 말하며 피부에 청량감을 공급하고 세포의 신진대사를 활성 시키고 모세혈관을 강화한다.

(3) 전동브러시(프리마톨)

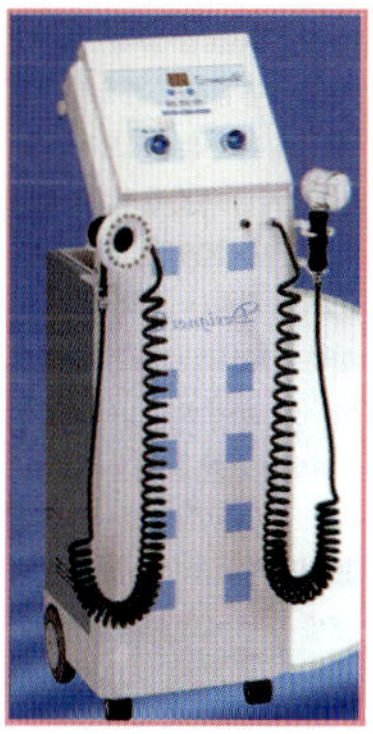

전동브러쉬

안면 피부자극이 적은 천연모를 사용하여 전동기의 회전원리를 이용하여 모공의 피지와 각질제거를 위한 세안용기기로 딥 클렌징 효과를 나타낸다.

* 적용방법

본체에 용도에 맞는 브러시를 홈에 맞게 완전히 고정시킨다. 피부상태에 알맞게 회전속도를 조절하며 사용 시 건조하면 수시로 물을 적셔 사용한다.

(4) 진공흡입기(감압기, 음압기, 석션기 Vacuum Suction)

진공으로 빨아들이는 공기압이 작용하는 유리컵(Ventouse)을 시술할 부분에 부착하면 흡입력이 피부에 작용하여 매뉴얼테크닉 효과를 준다. 바큠(Vacuum), 석션기(Suction), 부황기 등의 종류가 있다.

* 효과
- 흡입하는 공기압은 림프와 혈액의 순환을 도와 기초대사량을 높이고 부종이 방지되며 피부색을 개선시키는 효과가 있다.

- 세포활동을 촉진시키며 신진대사 과정을 원활하게 하고 세포와 조직 사이에 정체된 노폐물을 효과적으로 배설시키는데 도움을 준다.
- 피부를 자극하여 한선과 피지선의 기능을 활성화시킨다.
- 체지방 감소, 셀룰라이트(Cellulite) 분해, 피부탄력의 증진 등의 효과가 있다.
  - 비만관리의 시너지 효과가 있다.
- 간단한 세안효과와 여드름・지성피부의 죽은 각질 및 피지 제거에 효과적이며, 특히 막힌 모낭 청결에 도움을 준다.

(5) 냉온마사지기

피부표면 온도변화를 이용하여 피부를 자극시켜 혈액순환과 신진대사를 촉진

- 온마사지 : 혈관확장, 영양물질흡수증가
- 냉마사지 : 부종, 진정, 탄력증가
- 냉・온교대마사지 : 신진대사 촉진, 근조직강화, 탄력증가, 피부개선

(6) 갈바닉기기(Galvanic Machine)

직류를 이용한기기이며 극성(+/-)를 이용한다.

① 종류

- 이온토포레시스(Iontophoresis, 이온영동법, 이온도입법, 아이오노스)
  : 양극과 음극의 이온 혹은 전하의 교환을 만드는 극성인력의 법칙을 이용한다. 피부 속으로 침투하기 어려운 수용액이라서 이들을 이온화시켜 피부 깊숙이 전달・이동시킬 수 있도록 해준다.

표 6-2 양극과 음극의 차이

양극(+) 효과	음극(−) 효과
양이온물질침투 산에 반응 신경이 편안해진다. 혈관이 수축된다. 조직이 단단해진다. 수렴효과가 있다. 진정 효과가 있다.	음이온 물질침투 알칼리에 반응 신격을 자극하여 날카롭게 한다. 혈관이 확장된다. 조직이 연화된다. 클린징 효과가 있다. 활성효과가 있다.

• 디스인크러스테이션(Disincrustation)

화장품을 이용한 딥 클린싱의 개념과 달리 보다 깊이 침투되도록 도와 모낭 속의 피지를 비롯한 불필요한 물질을 연화시켜 강제적 배출이 되도록 돕는 것이다.

① 원리

(-)극성이 알칼리성을 가지므로 비누성분을 피부에 발라 피지와 노폐물을 유화시키는 화학적 작용에 의해 딥클린징 효과를 얻는 것이다.

② 효과

- 각질을 제거한다.
- 색소침착 방지 및 미백효과가 있다.

4) 전신 기기의 종류와 사용법

(1) 터모그래피(thermography)

터모그래피는 피하지방의 상태와 부종, 지방, 셀룰라이트 등 신체의 온도를 여러 가지 색상으로 나타내는 방법으로 영상 자료로 측정할 수 있는 기기이다.

(2) 체지방 측정 기기 – 임피던스(생체전기저항법)

생체에 무해한 정도의 미약한 교류전류를 흘려보냈을 때 인체의 전기 저항치를 확인하여 체지방률을 측정한다.

(3) 엔더몰로지(Endermologie)

기계적인 압박과 흡입작용 피부에 물리적인 자극을 주어 혈류를 개선하고 신진대사를 촉신시켜 지방을 분해시키 셀룰라이트 개선에 사용된다.

(4) 에어프레셔(프레셔테라피기 : Pressuretheraph, 공기압박기기)

적당한 공기압력을 이용하여 혈액순환과 림프순환을 원활히 하는 압박요법을 행할 수 있는 기기이다. 원하는 부위에 공기압을 이용하여 강하게 조여주고 풀어주기를 반복하는 원리를 가진 기기의 사용은 혈액순환 및 림프순환 촉진하여 노폐물의 배출을 돕고 사용부위의 운동효과는 근육 통증 완화 및 지방분해를 도와 체형관리 및 슬리밍효과를 가져온다.

(5) 바이브레이터(Vibrator, 진동 및 회전을 이용한 기기)

피부관리실에서 흔히 사용되는 기기이며 기계적인 마사지를 행한다.

(6) 스파(SPA)기기

물의 온도와 부력 및 압력효과를 이용하여 인체의 근조직을 자극하여 원활한 혈액순환과 스트레스 해소, 질병의 예방과 치료, 건강증진과 물을 이용한 샤워, 목욕으로 이용된다.

① 종류

- 비시샤워(Vichy shower)
- 수압을 이용한 욕조
- 아쿠아 침대

5) 발관리기기

(1) 족탕기(각탕기)

발의 세정작용

(2) 발 측정기기

발바닥에 무게중심점을 보고 신체균형이나 불균형상태를 과학적으로 읽을 수 있으며 발바닥에 생긴 굳은 살, 티눈, 발의 형태를 통해 보행의 문제점 등을 분석 및 판단하는데 도움이 되는 발 측정기기이다.

① 족저경(Foot Photo Scope)
② 족문기(Foot Print)

(3) 발관리 전동드릴기

굳은 살을 갈아내거나, 발톱의 좋지 않은 부분을 제거하거나 발톱의 윤을 내게 하는 방법에 이용된다.

(4) 발관리 파라핀

고형의 파라핀에 열을 가해 액체 상태로 만드는 기기를 이용하여 피부에 직접 열을 가함으로써 모공을 열어 노폐물을 배출하고 영양성분의 침투력을 강화시킨다.

6) 광선기기

(1) 광선의 종류

① 가시광선(Visible Light)

태양광선을 프리즘으로 분석하면 보라에서 빨강까지 7가지 색이 무지개처럼 보이는 것을 가시광선이라 하고, 파장의 범위는 다소 차이가 있으나, 대체로 380~770nm이다.

② 자외선

• 자외선의 정의

15~400nm의 파장을 지닌 자외선은 보라색(자색)광선의 바깥쪽(외측)에 존재하므로 자외선이라고 한다. 전체 태양광선 방출의 6% 정도를 차지하며, 피부에 자극적인 화학반응을 일으키는 성질이 있어 화학선이라 한다.

표 6-3 자외선 분류

	장파장(UVA)	중파장(UVB)	단파장(UVC)
파 장	400~320nm	320~280nm	280~200nm
효 과	태닝(Tanning)효과	홍반(burn)반응	살균효과
활용기기	인공선탠기		살균자외선소독기

표 6-4 적외선의 종류

적외선의 종류	파 장	영 향
근적외선 (단.중파장)	700~1,500nm	가시광선(Visible Light)과 근접해 있으며, 진피 5~10mm까지 침투, 피부의 피하조직과 혈관, 신경에 영향을 준다.
원적외선 (장파장)	1,500~15,000nm	피부 침투효과가 실제로 적고 근적외선보다 더 뜨겁게 느껴진다. 표층 0.5mm에서 흡수된다.

• 피부미용적 효과

a. 자외선의 긍정적 영향

- 비타민 D의 형성(칼슘과 인을 흡수시켜 비타민 D의 형성을 가속화 시켜 준다)
- 살균효과
- 강장효과 : 식욕 · 수면의 증진, 신경성 · 자극성의 감소 등의 효과가 나타난다.
- 진통완화효과

b. 자외선의 부정적 영향

- 홍반반응(Erythema)
- 일광화상(Sunburn)
- 색소침착(Pigmentation)
- 광노화(Photoaging)
- 피부암(Skin Cancer)
- 광독성피부염(Phototoxic Dermatitis)
- 일광알레르기(Photoallergic Dermatitis)
- 일광두드러기(Solar Urticaria)

표 6-5 **컬러에 따른 효과**

색 상	파 장	효 과
빨강	600~700nm	심장활동 및 혈액순환을 증진 노화 · 여드름피부 적용 및 셀룰라이트 및 지방분해에 효과적
주황	590~600nm	에너지와 기쁨을 주며, 신진대사의 활성화 예민한 피부나 알레르기성 피부에 적용
노랑	580~590nm	신경과 근육활동을 자극시키고, 진피층 기능의 활성화 소화기능을 도움, 노화 · 문제성 피부에 적용
초록	500~550nm	진정, 진통, 살균작용 대부분의 문제성 피부와 비만에 효과적
파랑	470~500nm	안정감과 평온을 나타냄 진통 및 최면효과 여드름 · 모세혈관 확장피부에 적용
보라	420~460nm	림프계에 영향을 주어 면역력과 관련. 두통, 피부염, 건조한 피부, 셀룰라이트 분해 등에 이용

③ 적외선(Infra-Red Ray)

• 적외선의 정의

파장이 770~220,000nm 사이의 전자기파로서 적색을 띄며 열작용이 있어 열선이라고 한다.

파장에 따라 원적외선과 근적외선으로 나눌 수 있다.

④ 빛의 파장을 이용한 기기

• 눈으로 관찰 가능한 가시광선 즉, 색을 지니고 있는 빛을 이용하여 각각의 파장에 따라 나타나는 효과를 적절히 선택하여 피부미용 효과를 얻는 기기이다.

• 종류 : 컬러테리피, 크로마테라피

3편

모발(HAIR)

헤어도구 및 기기

인간과 동물을 구별하는 커다란 기준 중의 하나는 도구를 만들어 내고 이것을 사용하는 능력이다. 미용현장에서도 많은 도구들을 만들어 내고 이용하여 미용인의 기술과 기능을 실제적이며 구체적으로 돋보이게 하고 있다. 현재 모발과 두피를 시술할 때 사용되어지는 도구 및 기기에는 빗(comb), 브러쉬(brush), 가위(scissors), 레저(razor), 헤어핀(pin), 클립(clip), 롤러(roller), 헤어드라이어(hair dryer), 헤어스티머(hair steamer) 등이 있다. 이러한 미용 도구 및 기기 사용 시에는 각 취급요령에 맞게 사용하도록 하고 주의가 필요하다. 즉, 모든 도구 및 기기는 항상 청결하게 사용하고, 고객에게 사용한 것은 소독을 필수적으로 해야한다. 사용할 때마다 꼼꼼하게 닦거나 변질 방지를 위해 충분히 손질해야 하며, 가위, 빗, 레저, 헤어핀, 클립, 브러쉬 등은 보관시 청결하고 안전하게 소독기 안에 정리해 두어야 한다.

1. 모발미용의 도구 및 기기 종류

1) 빗(comb)

빗은 머리카락을 정리하는 것으로 우리의 일상생활에서 빼놓을 수 없는 생활필수품의 하나이다.

(1) 빗의 종류

빗의 형태 및 사용목적으로 분류하면 꼬리빗, 커트빗, 대빗, 올림머리빗 등이 다양하게 있다. 빗의 재질로는 동물의 뼈, 뿔, 상아, 에보나이트(ebonite : 경화고무), 플라스틱, 나일론, 나무, 베이클라이트(bakelite : 합성수지제), 스테인리스제 등이 있다.

(2) 빗의 선정과 손질

빗은 빗 허리가 안정성이 있고 너무 매끄럽지 않아야 하며, 빗살은 너무 뾰족하지 않고 끝이 가늘면서 간격이 균등하여야 한다. 또한 빗살이 구부러지거나 비틀리지 않아야 한다. 빗의 재질은 빗의 선정시 탄력과 무게가 시술에 적합한지 고려한다. 약품에 의해 변질되지 않는 것이어야 하며, 내수성, 내유성, 내열성인 것이어야 한다.

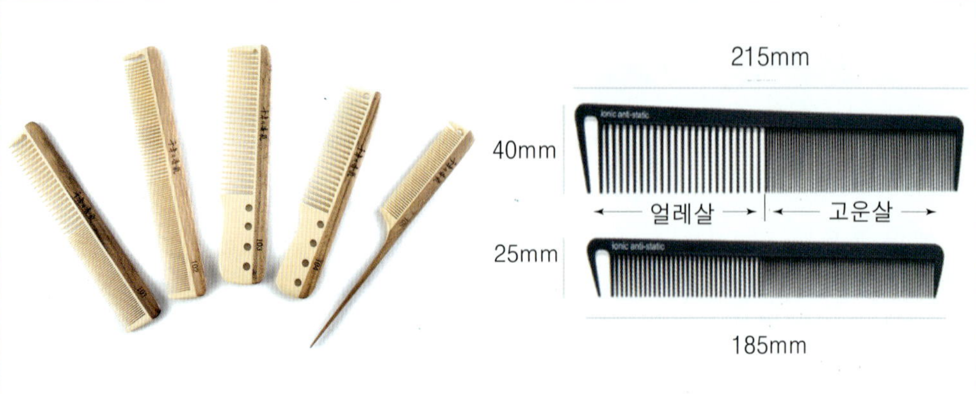

그림 7-1 빗의 종류

빗살과 빗살사이는 머리카락과 비듬, 먼지 등에 의해 더러움이 쌓이기 쉽다. 사용 후의 빗은 항상 다음과 같이 손질 및 소독하도록 한다.

- 쌓여있는 더러움을 다른 것으로 1차 제거하고 비눗물에 담근 후 brush로 닦아준다.
- 크레졸수, 포르말린수, 석탄산수, 역성비누액 등을 이용하여 소독하고, 세정이 바람직하지 않은 재질은 자외선을 이용하여 소독한다.
- 소독용액에 너무 오래 담가두면 빗이 휘어지므로 주의한다.
- 소독용액에서 꺼낸 후에는 물로 충분히 헹구고 닦아 준다.

2) 브러쉬(brush)

브러쉬는 모발에 대한 각종 헤어셋팅, 헤어염색 등의 시술 시에 폭넓게 이용되어지고 있다.

(1) 브러쉬의 종류

일반적으로 동물의 털과 나일론 또는 비닐재질의 비교적 경질로 되어 브로우 드라이용으로 사용되는 롤브러쉬와 반원 브러쉬, 머리카락을 빗거나 비듬 등을 제거하는데 사용하는 쿠션 브러쉬, 염색 및 탈색시에 사용하는 브러쉬 등이 있다.

그림 7-2 **브러쉬의 종류**

(2) 브러쉬의 선정과 손질

털이 너무 지나치게 부드러우면 두피까지 들어가지 않으므로 어느 정도 딱딱하고 탄력있는 동물의 털(돼지털, 고래수염)로 되어 있는 것을 사용하도록 한다.

브러쉬는 구조상 빗보다 더러움이 쉽게 타기 때문에 청결한 상태를 유지하도록 노력해야 한다.

- 부드러운 털의 경우 손가락 끝으로 가볍게 더러움을 털어 내고, 경질의 브러쉬는 세정브러쉬로 더러움을 제거한다.

- 나무제품일 경우 털이 심어진 곳에 물이 침투되지 않도록 털이 아래로 향하도록 하여 씻어낸다.
- 씻은 후에 물로 충분히 헹구고, 소독액에 담근다.
- 소독후에 다시 물로 충분히 헹구고, 털을 밑으로 향하게 하여 건조한다.
- 크레졸수, 석탄산수, 포르말린수, 알코올, 역성비누액, 자외선 등으로 소독한다.

3) 가위(scissors)

가위는 역학적인 지레의 원리를 응용한 구조로 위 아래 2개의 칼날이 교차해서 머리카락을 자르는 도구이다.

길이가 4~7inch(약 9cm~17.5cm)까지 다양하며 길이가 짧을수록 섬세한 커트를 할 수 있으며, 각자의 손크기(size)에 맞추어 사용해야 한다.

(1) 가위의 종류

사용목적에 따라 일반 컷팅가위(cutting scissors)와 모발의 양을 정리하는 틴닝가위(thinning scissors)로 나눌 수 있다. 그 외 크기에 따라서 소형, 중형, 대형으로 나뉜다.

(2) 가위의 선정과 손질

일반적으로 가위의 몸이 가위등에서 자르는 칼날 쪽으로 감에 따라 자연스럽게 조금 안쪽으로 활과 같이 굽은 것이 좋다.

- 칼날은 얇고 중간 허리부분의 회전점이 강한 것이 좋다.
- 양날의 굳기가 동일한 것이 좋다.
- 손가락 끼우는 구멍(엄지환, 약지환)이 시술자 손가락에 적당하게 조작하기 쉬운 것을 선택한다.
- 무게감이 시술자의 손에 알맞아야 한다.

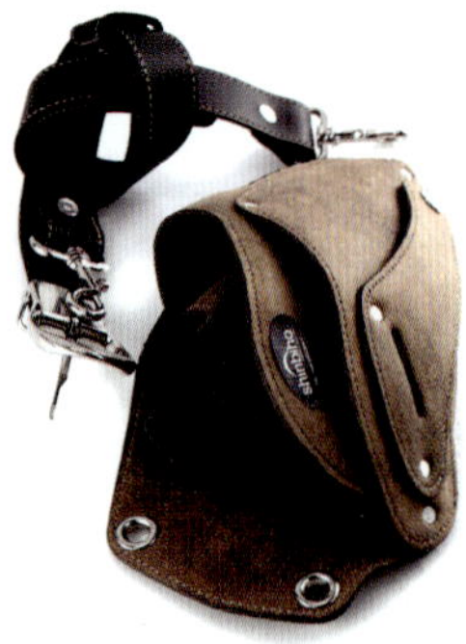

그림 7-3
가위벨트(6정용)

가위는 녹슬지 않도록 수시로 오일처리를 하고, 사용한 가위는 가위전용 천 또는 가죽으로 닦아서(가위벨트(6정용)) 소독한 후 보관한다. 이때 크레졸수, 석탄산수, 역성비누액, 양성계면활성제, 자외선, 에탄올 등으로 소독하며 소독 후엔 마른 헝겊으로 물기를 잘 닦아 소독기에 둔다.

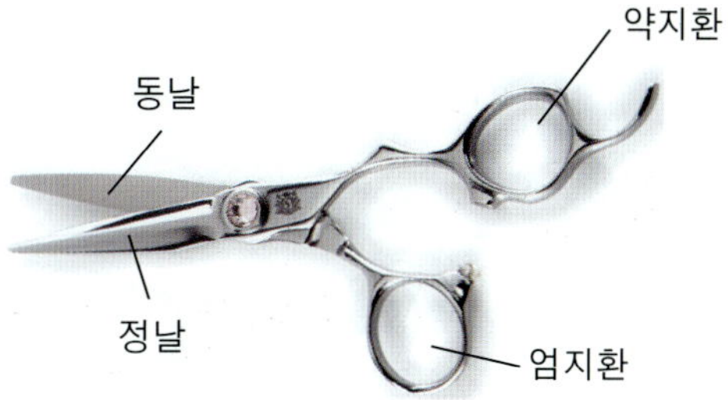

컷팅가위(5.5inch)

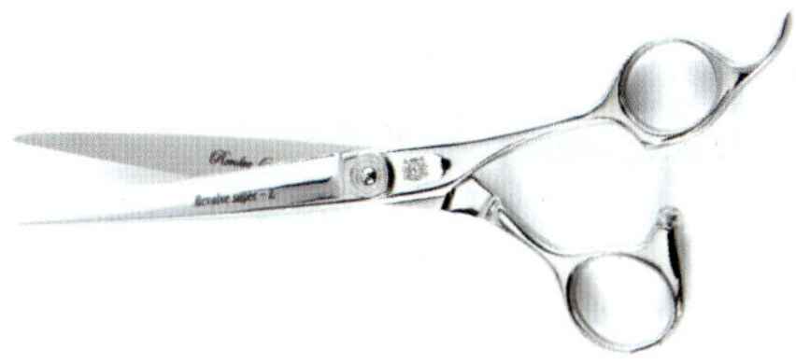

컷팅가위(7.0inch)

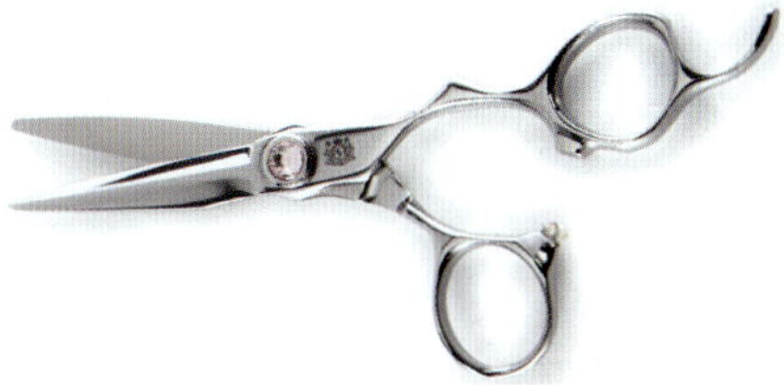

틴닝가위(20% 모량조절)

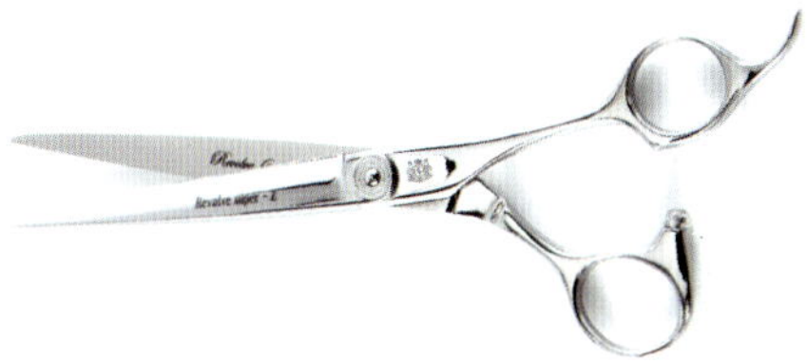

틴닝가위(30% 모량조절)

그림 7-4 **가위의 종류**

4) 레저(razor)

레저는 전체적으로 헤어커팅에 사용하지만 가위로 컷트한 상태에서 모발의 양감을 내기 위해 사용하기도 한다.

(1) 레저의 종류

레저의 종류에는 오디너리 레저(ordinary razor)와 세이핑 레저(shaping razor)가 있으며 접는형 레저와 일자형 레저로 되어 있다.

오디너리 레저는 시간상 능률적으로 작업이 용이한 반면 세이핑 레저는 날이 닿는 부분만 커팅되므로 초보자에게 적당하다.

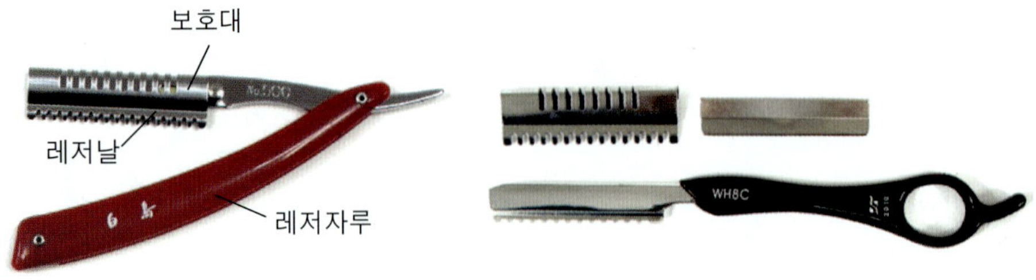

그림 7-5 레저의 종류

(2) 레저의 선정과 손질

날등과 날끝이 평행으로 되어 있고 양면의 날 끝이 균일한 곡선 상으로 되어 있으면서 두께가 일정한 것을 선택한다. 사용 후에는 부착된 이물질 등을 자주 닦아 제거하고 소독해서 청결하게 보관한다. 금속재질이므로 녹슬지 않도록 오일처리를 하고 에탄올, 크레졸수, 석탄산수, 포르말린수, 역성비누액, 양성계면활성제, 자외선 등으로 소독한다.

5) 헤어 핀(hair pin)과 헤어 클립(hair clip)

핀은 헤어셋팅을 할 때 컬을 고정시키거나 머리다발을 묶어 고정시킬 때 작업을 용이하게 도와주는 역할을 한다.

(1) 헤어 핀과 헤어 클립의 종류

헤어 핀은 크게 열린 핀(오니핀, U핀)과 닫힌 핀(실핀, 핀컬 핀)으로 구별되며, 열린 핀은 올림머리에 주로 사용하는 것으로 유연성이 있어 잘 휘어지며, 닫힌 핀은 헤어 세팅할 때 컬을 고정시키거나 올림머리를 할 때 필수적으로 사용되고 있다. 헤어 클립은 발수에 따라 더블 클립과 싱글 클립 등이 있다.

(2) 헤어 핀의 선정과 손질

헤어 핀의 재질은 내열성이어야 하며 약품이 잘 침투되지 않아야 한다. 또 녹이 슬거나 변질되지 않는 재료로 되어 있어야 한다. 스테인레스 스틸, 알루미늄, 합성수지

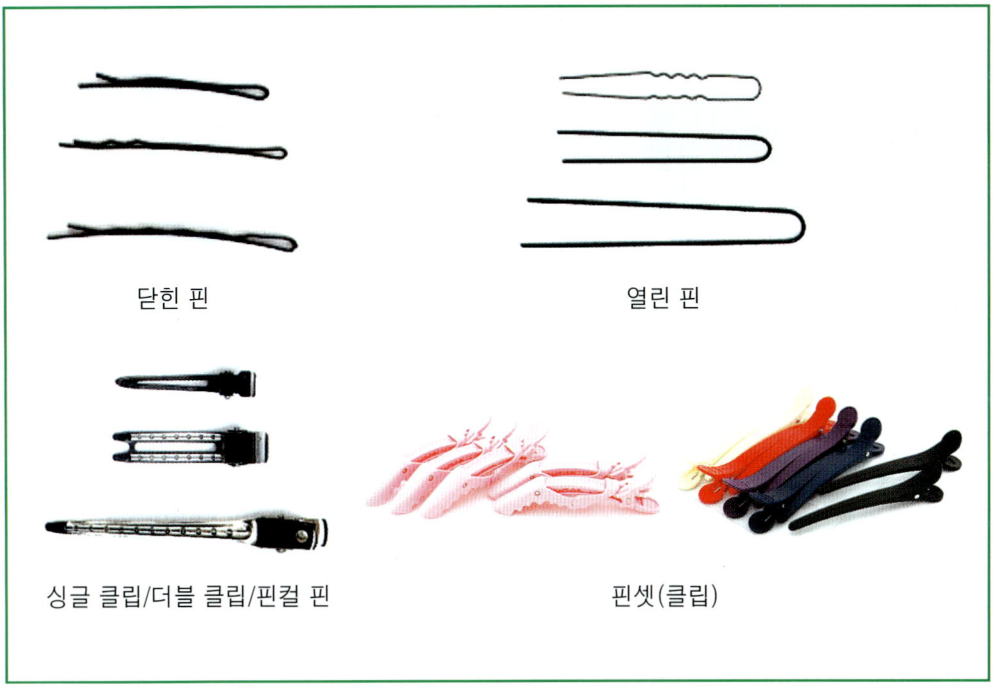

그림 7-6 **헤어핀과 헤어클립의 종류별 형태**

등으로 되어 있으며 색상도 가지각색으로 다양하다. 세정액으로 잘 씻어낸 후 자외선, 에탄올, 크레졸수, 양성계면활성제, 역성비누액, 알코올 등으로 소독한다.

6) 컬링 로드(curling rod)와 롤러(roller)

(1) 컬링 로드와 롤러의 종류

컬링 로드는 퍼머넌트 웨이브 시술시 모발을 감는 도구이다. 로드의 종류로는 감는 위치에 따라 대, 중, 소로 나눠지며, 로드의 직경에 따라 굵고 가는 것, 재질에 따라 부드러운 것과 딱딱한 것 등으로 나뉘어져 있어 웨이브의 크기와 강약을 조절할 수 있다.

롤러는 헤어 세팅시 일시적으로 웨이브나 볼륨을 내는 도구로 원통형으로 되어있다. 롤러는 둘레에 구멍이 나 있거나 그물모양으로 되어 있으며 매끄러운 것과 거친 것이 있다.

컬링 로드 롤 러

그림 7-7 컬링 로드와 롤러의 종류

(2) 컬링 로드와 롤러의 손질

주로 재질이 합성수지이므로 소독용액에 오랫동안 담그지 않도록 주의해야 하며 소독방법으로는 양성계면활성제, 역성비누액, 크레졸수, 포르말린수, 알코올 등을 사용한다.

소독이란

1. 정의 : 전염병예방을 위해 오염물 따위에 잠복하여 있는 병원균소멸의 방법을 뜻한다.
2. 분류
 1) 자연소독법
 2) 물리적 소독법(이학적 소독법)
 - 건열멸균법 : 화염멸균법, 건열멸균법, 소각소독법
 - 습열멸균법 : 자비소독법, 고압증기멸균법, 유통증기멸균법, 저온소독법, 초고온순간 멸균법
 무가열처리법 : 자외선멸균법, 초음파멸균법, 전류 및 방사선 멸균법 등
 - 화학적 소독법 : 알코올, 포름알데히드, 양이온 계면활성제, 양성계면활성제, 음이온 계면활성제, 페놀화합물, 과산화수소 등
3. 일반기준
 - 건열멸균소독: 섭씨100°C 이상의 건조한 열에 20분 이상 쐬어준다.
 - 증기 소독 : 섭씨 100°C 이상의 습한 열에 20분 이상 쐬어준다.
 - 열탕 소독 : 섭씨 100°C 이상의 물속에 10분 이상 끓여준다.
 - 석탄산수소독 : 선탄산수(석탄산 3% 물 97%의 수용액)에 10분 이상 담가둔다.
 - 크레졸수소독 : 크레졸수(크레졸 3% 물 97%의 수용액)에 10분 이상 담가두거나 에탄올 수용액을 머금은 면 또는 거즈로 기구의 표면을 닦아준다.

 * 이용기구 및 미용기구의 종류, 재질 및 용도에 따른 구체적인 소독기준 및 방법은 보건복지부가족부장관이 정하여 고시한다.

7) 헤어 드라이어(Hair dryer)

헤어 드라이어는 빠른 시간 내에 젖은 모발을 건조시키거나 모발을 원하는 모양으로 변형하여 스타일을 완성시키는 목적으로 사용된다.

헤어 드라이어의 종류에는 핸드 드라이어(hand dryer), 스탠드 드라이어(stand dryer), 아암 드라이어(arm dryer)가 있고, 모발에 바람을 직접 내뿜는 브로우타입(blow type)과 바람이 선회해서 내보내는 터비네이트 타입(turbinate type)의 것이 있다. 일반적으로 핸드 드라이어는 브로우 타입이며, 후드(hood)식으로 되어 있는 스탠드 드라이어와 아암 드라이어에는 브로우형과 터비네이트 형의 양쪽이 있다.

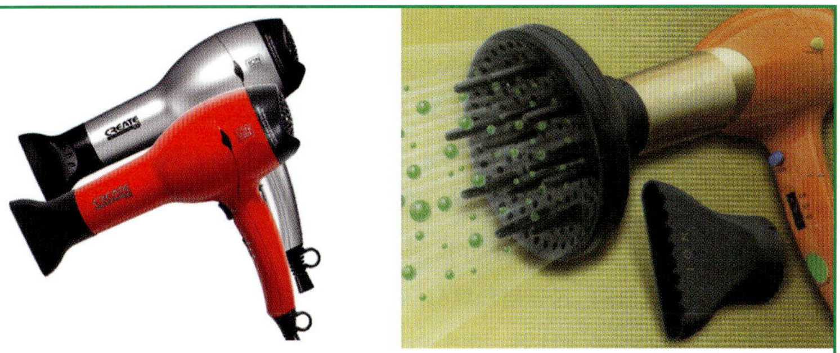

핸드 헤어드라이어　　디퓨저

그림 7-8 헤어 드라이어의 종류

8) 클리퍼(Clipper)

짧은 모발 즉, 주로 남성커트를 위한 도구로써 다양한 패션커트에도 사용되고 있다. 클리퍼의 날(굵고 성근 날, 세밀한 날)에 따라 커트의 완성정도와 세밀함에 차이가 생긴다. 따라서 모발형태와 헤어스타일 등에 따라 적절한 클리퍼의 날을 선택하여 사용하도록 한다.

사용한 후에는 클리퍼용 브러쉬로 날에 끼어 있는 잘린 모발 등을 제거해야 하며 일주일에 1회 정도는 소독 후 오일처리를 해야 한다.

일반 커트용 클리퍼 　　　　 면도 정리용 클리퍼

그림 7-9 클리퍼의 종류

9) 플랫 아이론(flat iron)

전기의 열을 이용하여 일시적인 헤어스타일 또는 매직 스트레이트 퍼머를 행하는 기구이다. 넓이가 다양한 플랫 아이론은 온도조절을 통해 80℃~200℃ 정도까지 발열할 수 있어 짧은 시간에 원하는 스타일을 만들 수 있다. 단, 한 부분에 10초 이상 머물지 않도록 주의한다.

그림 7-10 플랫 아이론의 종류

10) 헤어 아이론(hair iron)

헤어 아이론은 모발의 구조를 아이론의 열에 의해 일시적으로 변화를 주어 웨이브 등을 만드는 기기이다. 가열방법에 따라 마셀 아이론 같은 화열식과 가열부에 니크롬선 등이 들어있는 전열식이 있다. 손잡이(핸드)가 헐겁지 않고 나사가 튼튼한 것이 좋으며 발열상태나 절연 상태가 양호한 것을 선택한다. 전열식 아이론은 사용 후에는 반드시 스위치를 끄고 코드를 뽑아야 한다. 니크롬선과 코드와의 접촉부분과 코드와 플러그와의 접촉 부분은 자주 점검하도록 한다.

그림 7-11 헤어 아이론의 종류

11) 가온기

과거의 히팅캡(heating cap)의 보완으로 개발된 가온기는 퍼머나 헤어컬러링, 헤어트리트먼트 시술시 에 사용하는 기기이다. 약액은 활성화시키면서 모발에 약액을 침투시키는 기기로, 기기 내에서 원적외선이 나와 온도를 높여주며, 온도는 강약 조절이 가능하여 원하는 스타일로 진행하도록 돕는다.

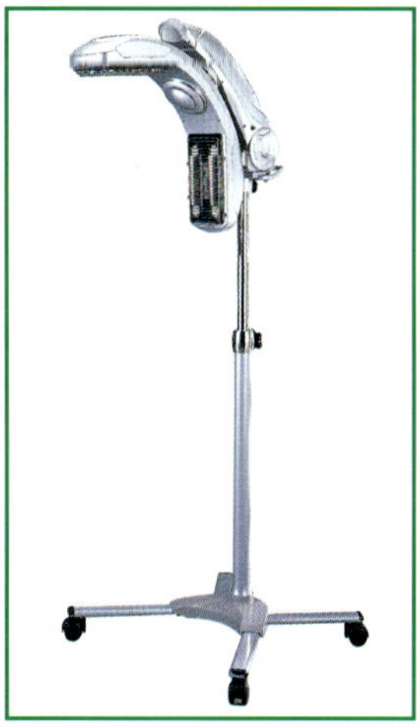

그림 7-12 가온기

12) 오존미스트기(O_3 misteamer)

오존미스트기는 오존과 온도, 수분의 양과 시간을 조절할 수 있어 퍼머, 컬러링, 헤어트리트먼트 등의 모발 시술시 사용하는 기기이다. 가온된 미스트는 모발의 윤기 형성을 도와주고 물분자 운동을 활성화시켜 트리트먼트제를 모발 깊숙이 침투시킨다. 또한 오존은 퍼머의 산화를 촉진하고 비듬균을 포함한 유해균을 제거하며 탈취효과를 통한 시술 후의 냄새도 나지 않도록 한다(오존 작동시간 약 5분).

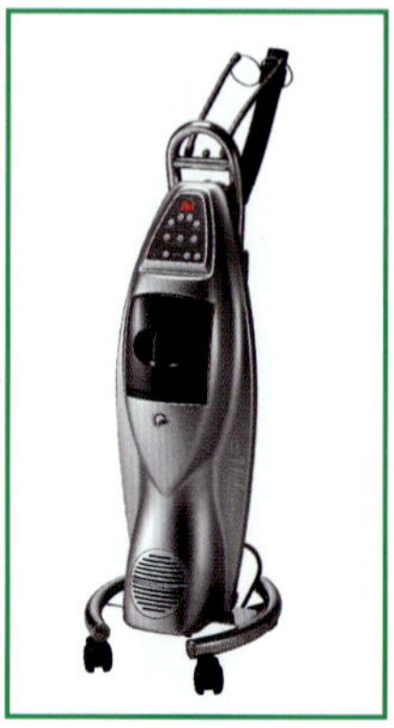

그림 7-13 오존미스트기

13) 세팅 퍼머기와 디지털 퍼머기 (setting & digtal perm machine)

세팅 퍼머기는 모발에 따른 퍼머약품과 고열을 이용하여 모발에 굵은 웨이브를 형성하도록 시술하는 기기이다. S컬을 만들 것인지 C컬을 만들 것인지에 따라서 사용하는 로드 호수(로드 지름의 크기 : 12mm, 14mm, 16mm, 20mm, 22mm, 24mm, 26mm 등)를 조절하고 시술 마무리 시에는 냉풍으로 건조시키는 것이 기본이다. 짧은 모발 시술시 두피에 너무 가까이 로드를 와인딩하면 뜨거움을 느낄 수 있으므로 주의한다

14) 전기 세팅기

헤어 세팅시에 전기의 열을 이용하여 일시적으로 웨이브를 형성하거나 볼륨을 갖게 할 때 사용한다. 본체에 원통형의 롤러를 꽂아 뜨거워지면 모발에 와인딩하고, 이때 되도록 롤러의 바디 부분은 손으로 잡지 않도록 하며 롤러 꽂이는 두피 쪽으로 꽂는다. 사용 후에는 본체의 전원을 끄고 정리해야 한다.

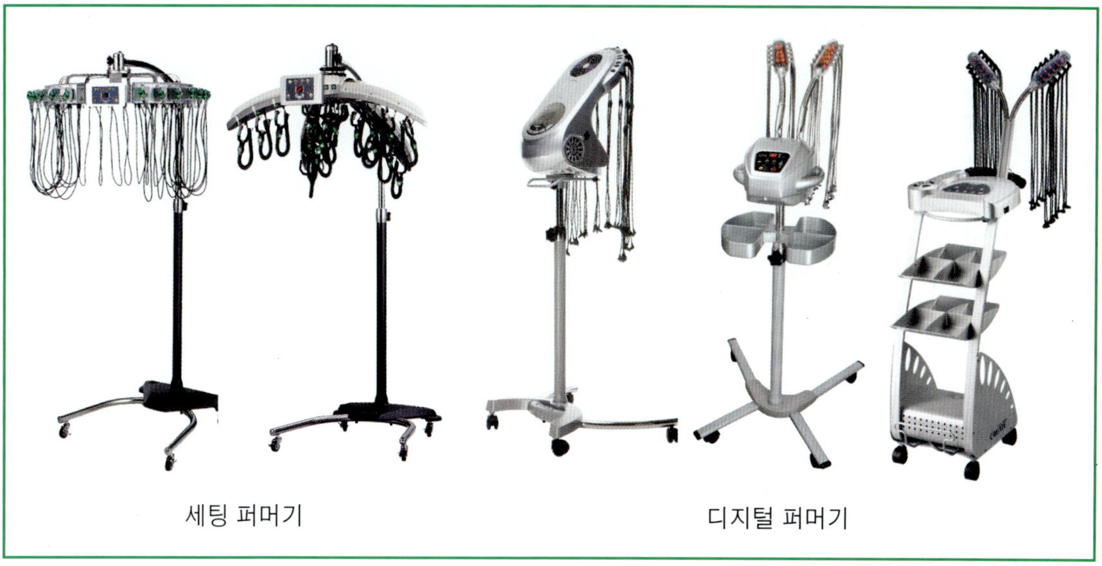

그림 7-14 세팅퍼머기와 디지털 퍼머기의 종류

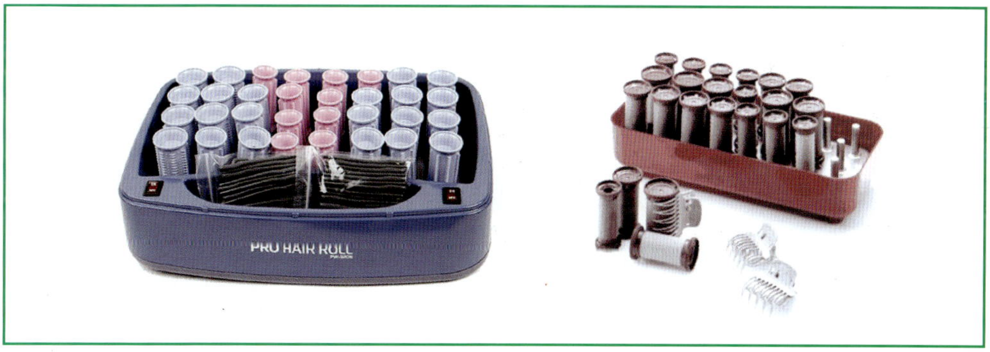

그림 7-15 전기 세팅기의 종류

2. 두피미용의 도구 및 기기 종류

1) 스코프(scope)

두피모발의 상태를 1배, 100배, 200배 등의 배율렌즈를 사용하여 자세하게 측정할 수 있도록 화면으로 선명하게 확대하여 보여준다. 두피타입과 피지상태, 각질정도, 모공상태 등으로 두피타입을 나눌 수 있으며 모발의 손상정도를 과학적으로 진단하는 데 도움이 된다.

두피 모발의 굵기와 밀도, 비듬과 탈모의 징후 및 진행상태 등을 측정하여 고객에 맞는 관리방안을 제시한다. 고객 상담 시에 시각적으로 확인시켜주는 도구가 되며, 고객의 상태변화를 저장하고 관리할 때에 좋은 자료로 이용한다.

2) 헤어 스티머(Hair Steamer)

헤어 스티머는 따뜻한 팀(증기열)을 이용해서 두피와 모발에 수분을 공급하고 오래된 각질을 쉽게 제거할 수 있게 두피와 모공을 팽윤, 연화시키는 스캘프 트리트먼트 등에 사용하는 미용기기이다. 후드 내부의 분무증기가 균일하게 널리 퍼지도록 되

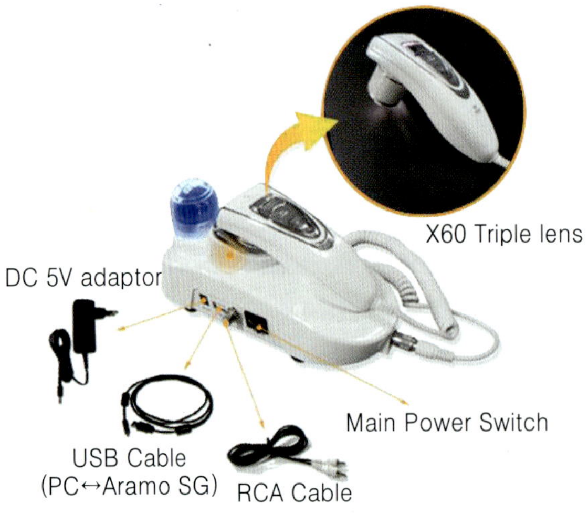

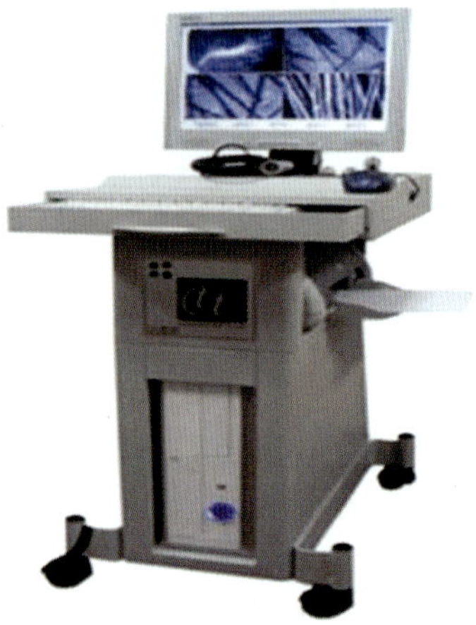

그림 7-16 스코프의 종류

그림 7-17 헤어 스티머의 종류

어있는 것을 선택하고 증기의 조절이 가능하도록 되어 있는 것과 증기 입자가 큰 것이 좋다. 증기가 충분히 나온 후 사용하며, 온도와 시간의 관계에 주의하여 사용한다. 보통 10~15분 정도로 하며 예민하거나 열이 있는 경우에는 7~8분, 38℃로 사용한다(지성·건성 : 약 10분, 40℃/ 비듬성 : 약 15분, 45℃).

3) 스캘프펀치(scalp punch)

1분당 1,800회의 파동의 맥동수류 발생으로 두피와 모공의 누적된 노폐물을 효과적으로 제거하는 두피 세정기기이다. 육모나 헤어케어 시 효과를 상승시킬 수 있으며 펌이나 컬러시술 시 두피에 남아 있는 화학적인 잔유물을 제거할 수 있다. 모발 수와 모발길이에 따라 노즐을 선택한 후 노즐과 튜브를 연결하고 수압을 적정하게 조절하여 시술한다. 기분 좋은 자극에 의해 상쾌함과 마사지 효과를 갖는다.

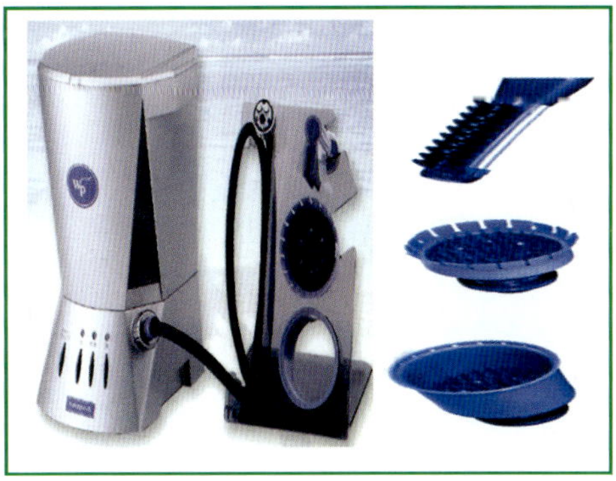

그림 7-18 스캘프펀치

* 노즐 종류 : 빗형 - 긴머리 사용
원형브러쉬형 - 짧은 모발 사용 원통형 - 탈모된 두피의 모발 사용

4) 적외선기(IR Lamp)

적외선기는 두피의 이완을 촉진시키거나 제품의 흡수 능력에 도움을 줄 때 주로 사용하는 70nm~400,000nm 사이의 파장을 가진 전자기파 기기이다. 태양광선 중에 눈에 보이지 않는 파장이 가장 긴 광선을 적외선이라 하며, 모든 생명체의 생육과정에 있어 절대적인 광선으로 피부 속 깊숙이 침투하여 피하심층의 온도를 상승시켜 미세혈관의 확장과 혈액순환을 촉진한다. 혈액량과 산소량을 공급 시키는 인체에 유익한 적외선을 조달하는 자극법으로 열선을 통해 붉은 빛을 방사하여 두피의 혈액순환을 돕고 제품의 흡수를 돕는다. 두피에서 적정거리를 유지한 후 강도조절을 하여 조사하도록 한다(관리시간 약 10~15분).

그림 7-19 적외선기

5) 핸드 고주파기

고주파기는 다양한 모양의 유리봉으로 되어 있으며 매우 작은 양의 공기와 네온, 수은등을 함유하고 있다. 전극봉(유리봉)을 홀더에 끼우면 전극봉의 끝에 있는 금속은 홀더의 금속과 맞닿게 되어 봉으로 전류가 흐르면서 자색, 오렌지색, 푸른 자색이 되어 자외선을 나타낸다. 살균, 소독, 진정효과와 함께 두피의 미세순환 개선, 비듬제거, 두피의 세포조직 강화 효과를 가진다. 두피에 밀착한 상태로 전기 강도를 천천히 올리고 두피에 사용시에는 빗질하듯이 촘촘히 빗질하면서 사용한다. 관리가 끝나면 젖은 수건으로 깨끗이 닦아둔다(관리시간 약 10분).

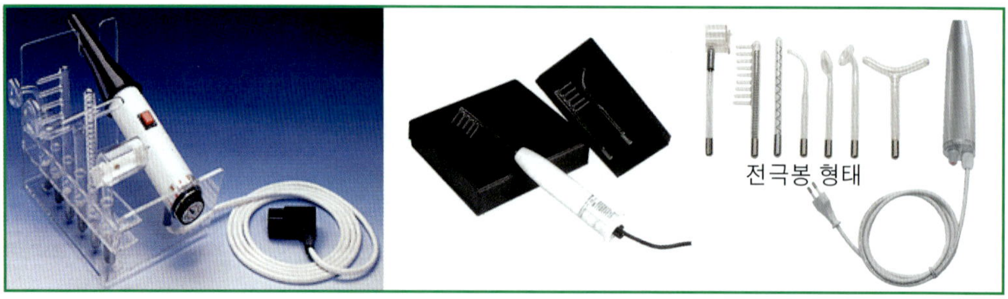

그림 7-20 핸드 고주파기의 종류

6) 광선기

광선기는 근적외선, 약간의 자외선을 포함한 광선으로 세포재생과 피지 분비 조절에 빠른 효과를 준다. 고객은 썬글라스(보호안경)를 끼고, 관리 중 광선을 직접 눈으로 보지 않도록 한다. 적외선은 온열효과로 인해 순환을 촉진하고 가시광선은 세포재생과 대사증진에 효과적이며 자외선은 살균효과 뿐만 아니라 산소 공급 효과까지 제공한다.

T.D.P(특정전자파치료기)는 모세혈관의 혈액순환을 강력하게 촉진하여 혈류와 신경장애를 개선시키고 T.D.P파의 자극에 의하여 엔돌핀 생성을 촉진, 면역기능을 강화시키며 백혈구의 기능을 저하시키는 아드레날린호르몬의 분비를 억제시켜 준다.

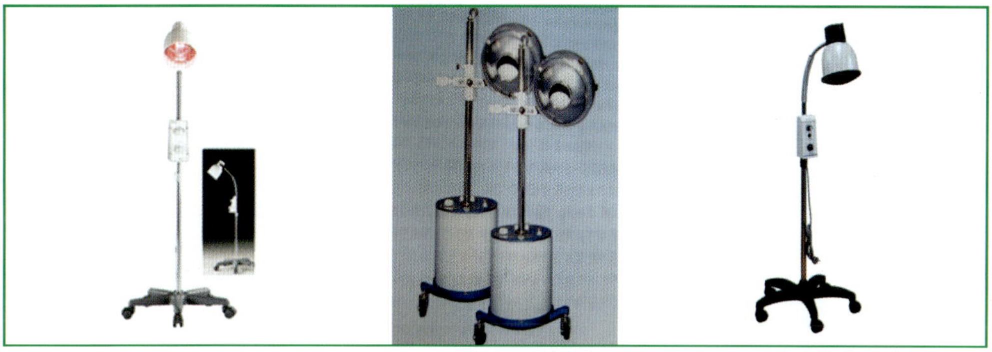

그림 7-21 광선기의 종류

7) 소프트 레이저기(soft laser)

두피에 일정한 파장의 저출력 레이저 에너지를 이용하여 모근주위에 미세순환을 활성화시키는 기기이다. 레이저 650&830mm의 레이저 광을 이용하여 photo bio-activation 작용으로 모발 새생 사이클을 회복시켜 주며 모낭 내 혈행의 개선을 촉진하여 혈액순환 활성화를 유도한다. 가장 많이 사용하는 레이저는 헬륨-네온 레이저로 세포와 조직에 자극을 주어 모발의 성장, 재생, 발육을 촉진한다. 앰플을 바르고 그 부위에 정지 상태(약 5초간)로 관리시 탁월한 효과를 가진다.

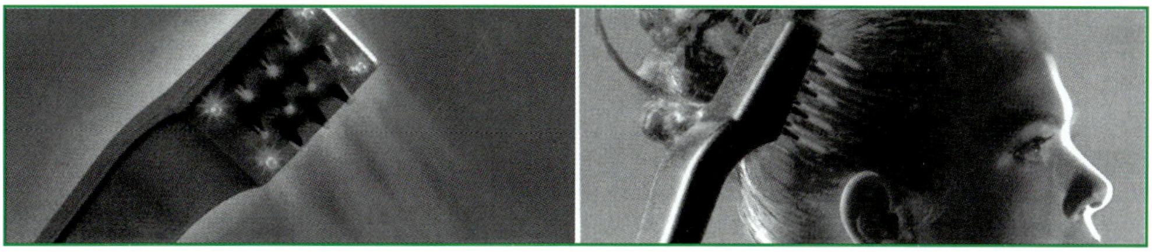

그림 7-22 레이저기

8) 갈바닉기기(galvanic)

갈바닉기는 매우 낮은 전압의 직류를 사용하는 데 전류는 오직 한 방향으로 흐르며 극성을 가지고 있다. 한 전극봉은(-)극을 가지게 되며 다른 하나는 (+)극을 띠게 된다. (-)극은 모공과 한선을 이완시켜 조직을 유연하게 하고 혈관을 확장시켜 혈행을 도우며 (+)은 모공과 한선을 수축시키며 혈관을 수축시켜 혈행이 느슨하게 하는 효과를 가진다.

갈바닉 이온을 이용하여 조직 전체의 혈액순환을 촉진시키고 영양분과 산소를 공급하여 신진대사가 더욱 빨리 일어나고 림프의 순환이 증가 될 수 있다. 미용액의 유효한 성분이 각질층까지 도달 할 수 있도록 해야 하는데 이온기기는 미용액을 이온화해서 유효 성분을 심부까지 침투시켜 준다.

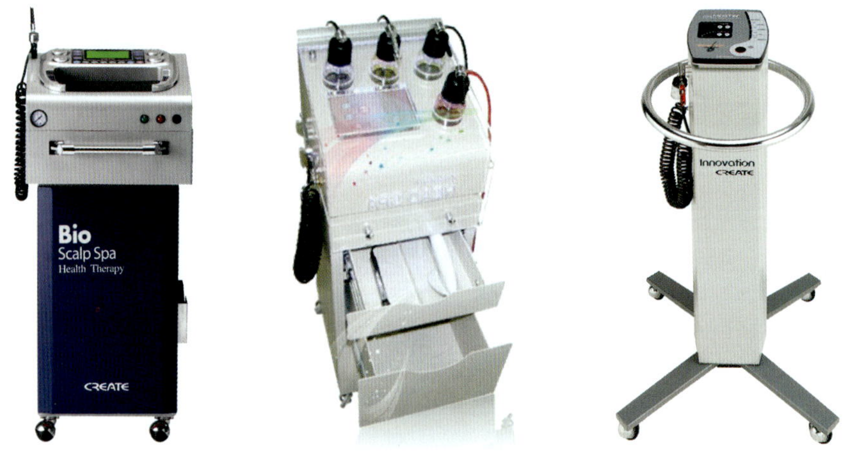

바이오헬스테라피기 　 헤드 스파 　 케어 마스터

그림 7-23 갈바닉기기의 종류

헤어의 생리학적 이해

모발은 제2의 피부라고 불리듯 피부조직의 표피가 변형되어 발생한 피부의 부속기관이다. 헤어스타일이란 측면에서 장식적인 기능으로 모발을 많이 다루지만, 모발의 고유한 기능을 염두에 두어야 한다. 모발은 보호적 기능을 가지며 신체의 이상 현상이 발생하면 모발의 변화로써 표현하므로 모발의 구조나 특성에 관심을 갖도록 한다.

1. 모발의 발생과 구조

모발은 사람의 전신에 분포하고 있는 모든 털을 의미하며 두발, 수염, 눈썹, 속눈썹, 코털, 귀털, 겨드랑이털, 음모 등으로 분류된다. 태생 9~12주에 발생하기 시작하며 모태에서 태생 4~5개월까지 거의 전신에 발생하여 분포한다. 땀과 먼지·세균들의 침입으로부터 신체의 보호기능 및 보온, 촉각의 기능과 비소·수은·아연과 같은 중금속을 배출하는 등의 기능을 가진다. 현대에서 장식의 기능이 크게 부각되며 헤어스타일과 색상 변화로 아름다움을 추구하고 있다.

1) 모발의 발생

모발은 전신에 약 130~140만개의 수가 존재하며 그 중 두상에 약 10~12만개의 털이 있다.

모발의 수는 태어날 때 이미 결정되며 출생 후에는 모낭이 새로 생기지는 않는다. 모발의 발생 시기에 따라 취모·연모·성모로 구분되며, 모낭의 형태에 따라 직모·파상모·축모로 나눌 수 있다. 인종에 따라 모발의 형태나 굵기에 차이가 있으며, 동양인의 경우 직모가 많으며 굵기도 약 0.05~0.15mm 범위에 속한다. 하루의 모발 성장속도는 약 0.35mm정도 이고 약 40~100개 정도가 하루에 탈락된다. 또한 모발은 태생기에 표피가 함몰되며 모낭이 형성되는데 전모아기 → 모아기 → 모항기 → 모구성 모항기 → 완성모낭으로 발생된다. 이 모낭이 성숙한 형태로 발달되면 피지선과 입모근이 생성되고, 모유두가 형성된다.

2) 모발의 구조

모발의 구조는 크게 두 부분으로 나누어진다.

즉, 피부 속에 위치한 모근(毛根, hair root)부분과 피부 밖으로 나와 있는 모간(毛幹, hair shaft)부분으로 대별되고 있으며, 모발은 모낭 내에서 완전히 만들어지게 된다.

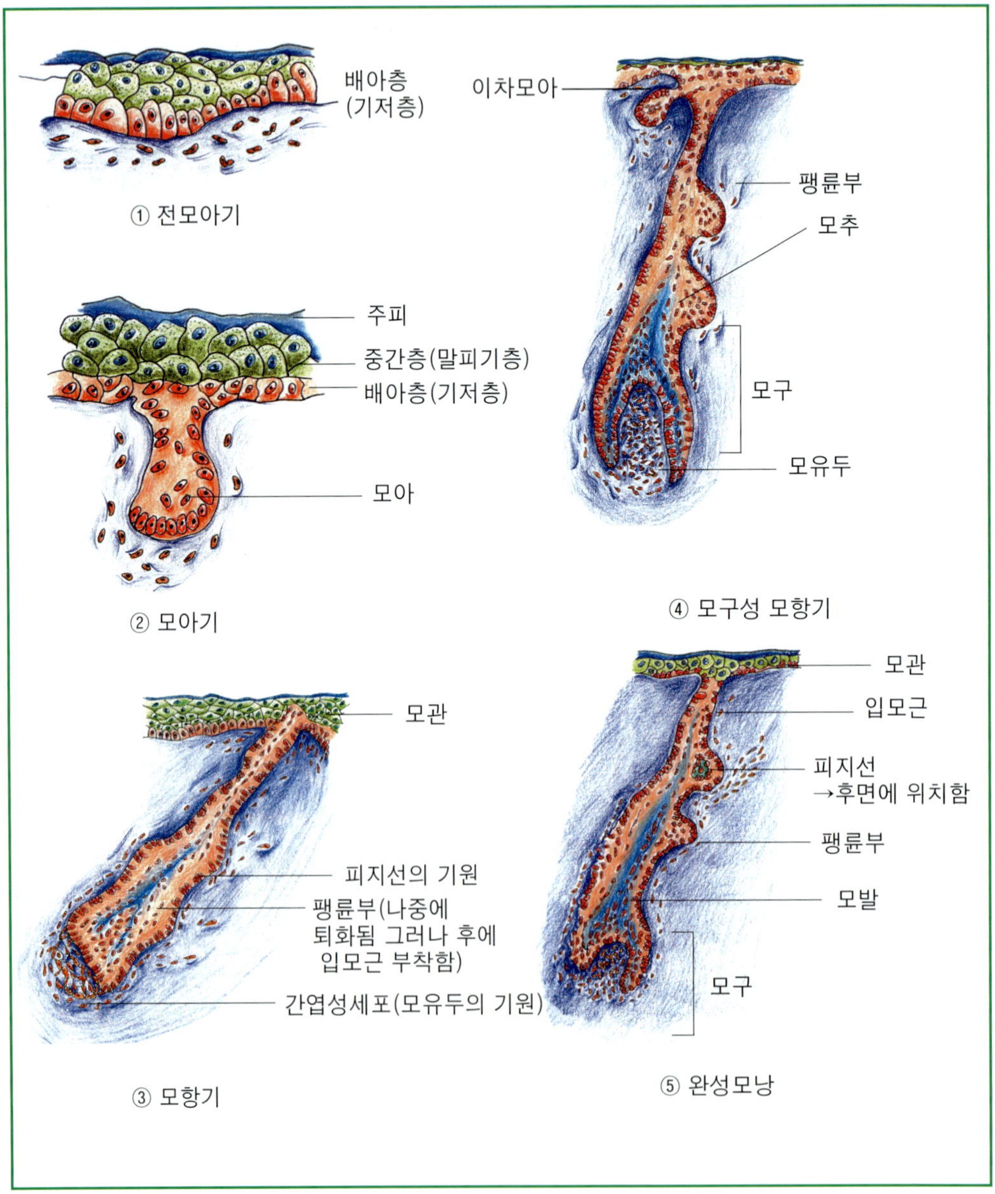

그림 8-1 모낭의 형성

(1) 모근부의 구조

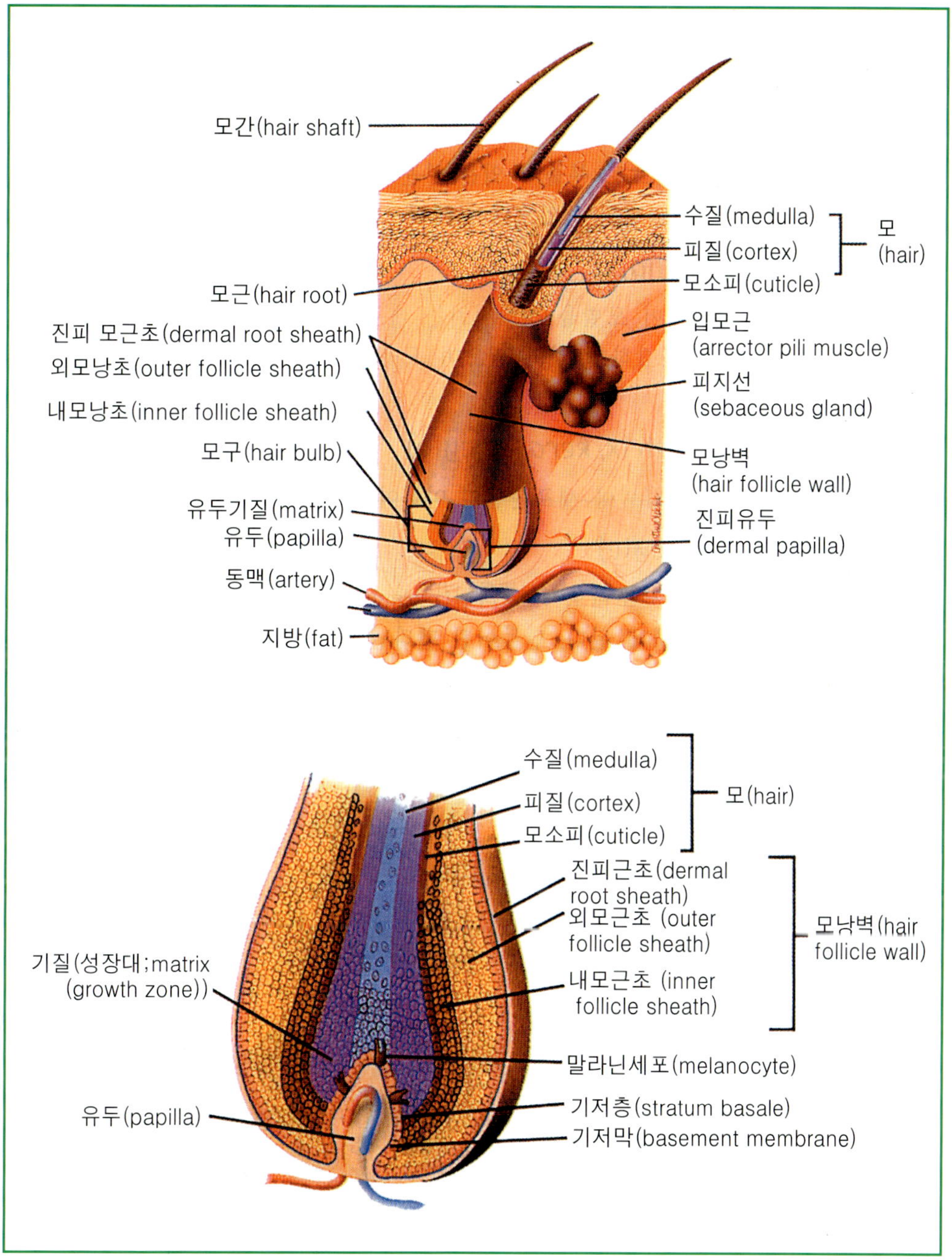

그림 8-2 모근의 구조

① 모표피(Cuticle)

모발의 가장 바깥 부분으로 투명한 비늘 모양의 단단한 케라틴으로 구성되어 있다. 인종과 개인에 따라 겹침(5~15층)의 정도가 다양하며 건강모일수록 이 비늘 상태가 규칙적이고 견고하게 결합되어 있다. 모발이 손상되었다고 하는 의미는 이 모표피 층이 손상된 것을 말하며 한번 손상된 모발은 스스로의 재생능력이 없다.

이러한 모표피는 모발의 바깥층으로부터 에피큐티클(epicuticle), 엑소큐티클(exocuticle), 엔도큐티클(endocuticle)의 3개 층으로 구성되어 있다.

② 모피질(Cortex)

모발의 가장 중요한 부분으로 모발면적의 85~90%를 차지하며, 모수질을 감싸고 있는 섬유조직이다. 방추 모양의 결정 영역인 피질 세포(cortical cell)와 비결정영역인 간충물질(ground substance)로 색소과립인 멜라닌을 함유하고 있다.

③ 모수질(Medulla)

모발의 중심부에 위치하는 모수질은 벌집모양의 다각형 세포가 길이방향으로 나열되어 있으며 공기를 함유하고 있어 모발의 보온과 광택에 관여하는데, 추운 지방의 동물의 털일수록 모수질이 특히 발달되어 있다.

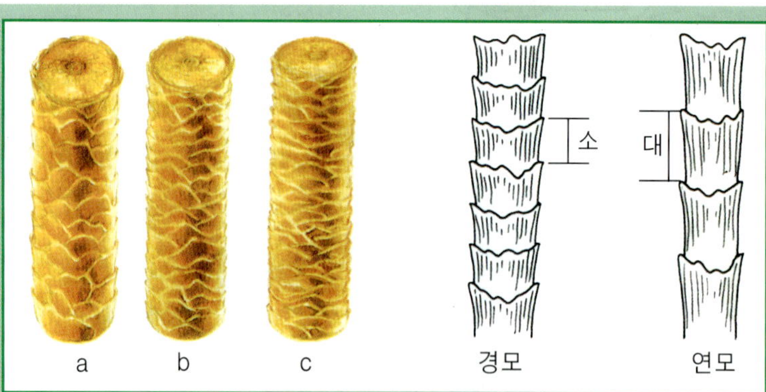

모발의 질감

경모는 큐티클간의 간격이 좁고 치밀하기 때문에 단단하고 뻣뻣한 질감이 느껴지고 연모는 큐티클간의 간격이 넓기 때문에 얇은 느낌과 부드러움을 느끼게 된다.

- 모발(Hair)
  - 경모(Terminal hair)
    - 장모(long hair) : 모발, 수염, 겨드랑이털 등
    - 단모(Short hair) : 눈썹, 속눈썹, 코털 등
  - 연모(Lanugo hair) - 솜털

2. 모발의 성장주기와 특성

모발의 성장속도는 신체의 부위에 따라 차이가 있으며, 연령이나 건강상태 등에 따라서도 차이가 있다. 보통 모발의 경우 2~7년, 수염은 2~3년, 속눈썹이나 눈썹은 3~5개월 정도이다. 남녀모두 20대 전후가 가장 활발하게 성장하며, 가을·겨울보다는 봄·여름(특히 5~6월)에 활발하고 빠르게 성장한다.

1) 모발의 성장주기(Hair Cycle)

사람의 모발은 대략 10m^{2}당 150개 정도이며, 모발은 모유두가 없으면 자라지 않는다. 이 모유두의 수는 태어날 때 결정되며 새롭게 생성되지 않는다. 그러나 이 모유두는 일생동안 끊임없이 모발을 만들지는 않는다. 모발은 일정한 주기를 갖고 성장하고 빠지며 동일한 모낭에서 계속 다른 종류의 털을 생산해 낸다. 이를 모발의 주기(hair cycle)라고 하며 성장기, 퇴행기, 휴지기, 발생기의 4단계로 구성된다.

(1) 성장기(생장기, Anagen stage)

모발이 성장하는 시기를 말하며, 모구에서 세포분열이 가장 왕성한 시기이다. 모발의 약 85~90% 정도가 성장기 모발에 해당되며 사람의 건강상태나 연령에 따라 약간의 차이가 있지만 대체로 성장기의 수명은 2~7년이다. 남성이 2~5년, 여성이 4~7년 정도이다. 음식물이나 개인의 영양상태 등에 의해 변화될 수 있다.

(2) 퇴행기(퇴화기, Catagen stage)

성장기에서 휴지기로 넘어가는 중간단계로서 모발의 형태를 유지하면서 대사과정이 느려지는 시기이다. 전체모발의 약 1%에 해당하며 보통 기간은 2~3주이다. 모구부가 수축하고 점차 모유두와 나눠져 모낭이 짧아지며 위쪽으로 이동하기 시작한다. 더이상 케라틴을 만들어 내지 않는다.

(3) 휴지기(종말기, Telogen stage)

모유두가 위축되고 모낭은 차츰 위쪽에 올라와 있어 모낭의 깊이는 1/3로 된다. 전체 모량의 10~15% 정도가 해당하며 다음 성장기 단계가 시작될 때까지의 수명은 약 3~4개월로 본다. 이 시기의 모낭은 활동을 완전히 멈추고 마찰에 의한 탈모를 기다리게 된다.

(4) 발생기(새로운 성장기, New Anagen stage)

휴지기 기간 동안 쉬었던 모유두가 모구부와의 결합으로 다시 세포분열이 일어나는 시기이다. 새로운 모발이 자라면서 휴지기의 노화된 모발을 밀어내 빠지게 한다.

2) 모발의 특성

모발의 대부분인 80~90%는 keratin 단백질로 구성되며 나머지 10~20%는 지질(1~8%), 멜라닌 색소(3% 이하), 수분(10~15%), 미량원소(0.6~1.0%)로 되어 있다. 모발의 굵기는 0.05~0.15mm이며 연모인 경우 0.05~0.07mm, 보통모는 0.08~0.09mm, 경모는 0.10~0.15mm에 해당한다. 보통의 정상모의 경우에는 약 0.08mm에 속한다.

(1) 모발의 물리적 · 역학적 특성

모발을 이루고 있는 케라틴 성분은 여러 가지 물리적 · 역학적 특징을 가지고 있다.

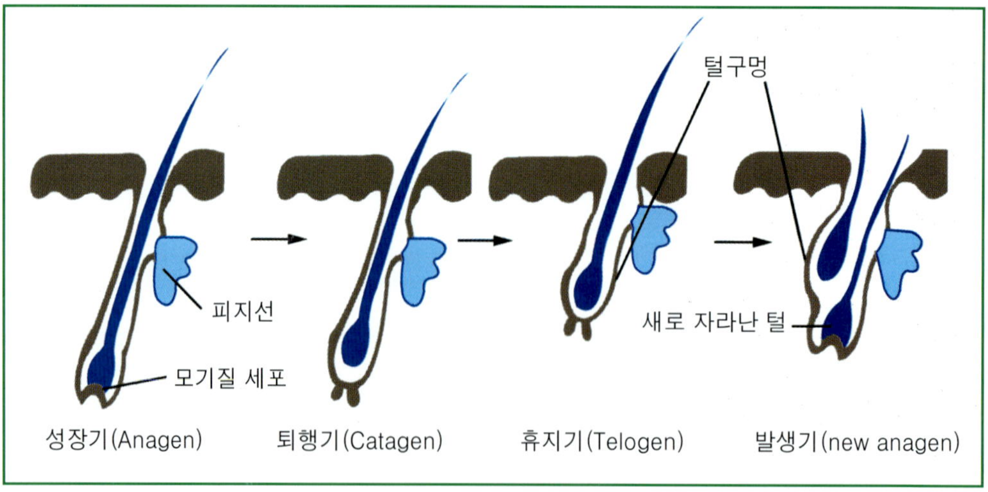

그림 8-4 모발의 성정주기

① 모발의 열변성

모발은 건열과 습열에 따라 다르게 변화하는데 건열에서는 외관적으로 120℃ 전후로 팽창되고 130~150℃에서 변색이 시작되며 습열에서는 100℃ 전후에서 시스틴이 감소하고 130℃에서 케라틴 구조의 변형을 초래한다.

② 모발의 광변성

태양광선 중에서 적외선과 자외선에 의한 모발의 변화를 말하며, 적외선은 모발의 결합에 손상을 주고, 자외선은 시스틴 함량의 감소와 멜라닌 색소를 파괴하며 모발에 손상을 초래한다.

③ 모발의 대전성

모발을 빗질할 때 모발은 (+)전하를 띠고 빗은 (-)전하를 띠어 모발끼리 서로 반발을 초래하게 된다. 특히 겨울의 건조시기에 잘 발생하며 습기를 보충하면 정전기는 발생하지 않는다.

④ 모발의 흡습성

모발은 수분을 흡수하는 성질이 커서 샴푸 직후 약 30%의 수분을 흡착하고 보통 상태의 공기 중에서는 10~15%의 수분을 함유한다. 모발의 흡습은 상대습도와 온도의 영향을 받으며, 이 수분율은 다른 합성섬유와 비교해 대단히 큰 수치이다. 또한 모발의 흡습성은 다른 물리적 성질인 강도나 신장도, 대전성, 탄력성 등에 영향을 미친다.

⑤ 모발의 팽윤성

모발은 액체에 적셔지면 길이가 1~2%, 두께는 12~15%, 중량은 30~40%로 증가한다. 모발의 손상이 커지면 친유성 성분의 모표피가 제 역할을 못하기 때문에 물의 모발 내부 흡습은 더욱 커지며 무게와 체적이 증가한다.

⑥ 모발의 강도

모발을 잡아 당겼을 때 끊어지지 않고 견디는 힘을 말하며 모발 한 가닥의 강도는 건강모일 경우 약 140~150g 정도이고 젖었을 경우에는 90~100g 정도이다. 모발의 강도는 모발의 굵기에 따라서도 다르고 모발이 손상되었거나 염색·탈색 등을 한 모발일 경우 강도는 저하된다.

⑦ 모발의 신장도

모발이 늘어나는 비율을 %로 나타내며 평균 건강모일 경우 40~50%, 젖었을 경우에는 60~70%의 신장률을 가진다.

⑧ 모발의 탄력성과 가소성

모발을 잡아당겼다가 놓았을 경우 원래대로 돌아가는 성질을 탄력성이라 하며 수분함유량에 의해 크게 차이가 있는데 즉, 수분을 다량 함유했을 경우에는 원래길이의 최대 1.5~2배까지 늘어난다. 그러나 변형이 너무 커서 탄성의 한계를 넘으면 변형된 상태로 남게 되는데 그 현상을 가소성이라고 한다.

(2) 모발의 화학적 특성

모발의 성분을 분석해보면 탄소(C), 산소(O), 질소(N), 수소(H), 황(S)의 5원소로 구성되어 있으며 약 18종류에 달하는 아미노산의 화합물로 되어있다.

표 8-1 케라틴을 구성하고 있는 아미노산의 조성과 pH

아미노산 종류		함량(%)	pH(등전점)
산 성	아스파라긴산	3.8~7.7	pH 2.8
	글루타민산	13.6~14.2	pH 3.2
중 성	글리신	4.1~4.2	pH 6.0
	알라닌	2.8	pH 6.0
	로이신	6.4~8.3	pH 6.0
	이소로이신	4.8	pH 5.9
	페닐알라닌	2.4~3.6	pH 5.5
	트립토판	0.4~1.3	pH 5.9
	시스틴	14.7~18.0	pH 5.1
	메티오닌	0.7~1.0	pH 5.7
	프롤린	4.3~9.6	pH 5.7
	트레오닌	7.4~10.6	pH 5.6
	세린	4.3~9.6	pH 5.7
	티로신	2.2~3.0	pH 5.7
	발린	5.5~5.9	pH 6.0
염기성	아르기닌	8.9~10.8	pH 10.8
	리신	1.9~3.1	pH 9.7
	히스티딘	0.6~1.2	pH 7.6

모발의 주성분은 시스틴(cystine)을 14~18% 정도 함유하고 있는 경단백질로 분류되어 있어 피부의 표피를 형성하는 연단백질과 구별된다.

① 모발과 pH(power of hydrogen ions, 수소이온농도지수)

pH는 용액의 산성 또는 알칼리성을 측정하기 위해 사용되는 수치로 0~14까지 숫자로 표시한다. 측정 후 7을 중성, 7 이하를 산성, 7 이상을 알칼리성이라 한다. pH가 1씩 차이가 나는 것은 수소이온농도가 10배로 차이가 있음을 나타낸다. 너무 산성이어도 너무 알칼리성이어도 모발은 심하게 손상이 되며 가장 안정적인 모발의 등전대는 pH 4~6.5 정도이다.

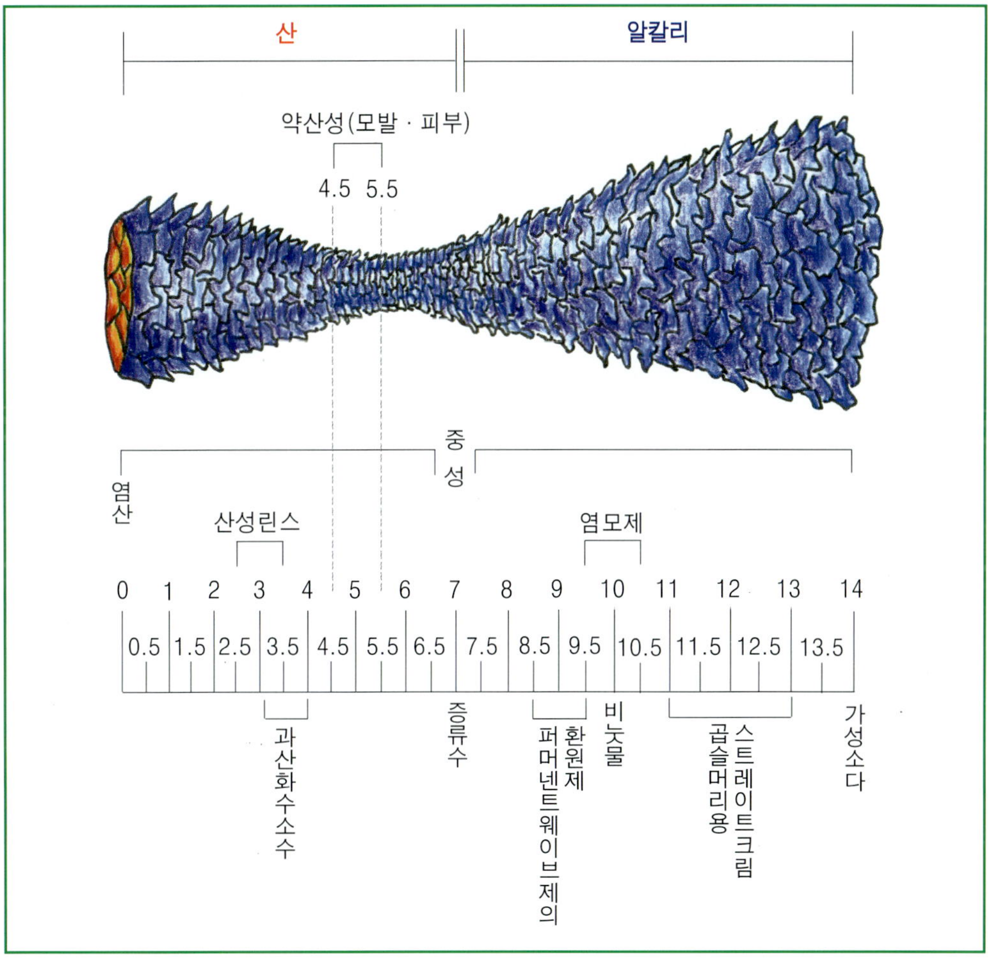

그림 8-5 모발과 pH

② 화학결합

모발은 아미노산의 축중합에 의해 펩티드 주쇄 및 측쇄 결합에 의해 강하게 연결되어 있다.

- 주쇄결합

세로결합이라고도 하며 수백에서 수천 개의 아미노산이 모여 폴리펩타이드 결합을 이룬다. 측쇄결합에 비해 결합력이 더 강하며 펩티드 결합이 여기에 속한다.

- 측쇄결합

가로결합이라고도 하며 수소결합, 이온결합, 시스틴 결합 등이 있다.

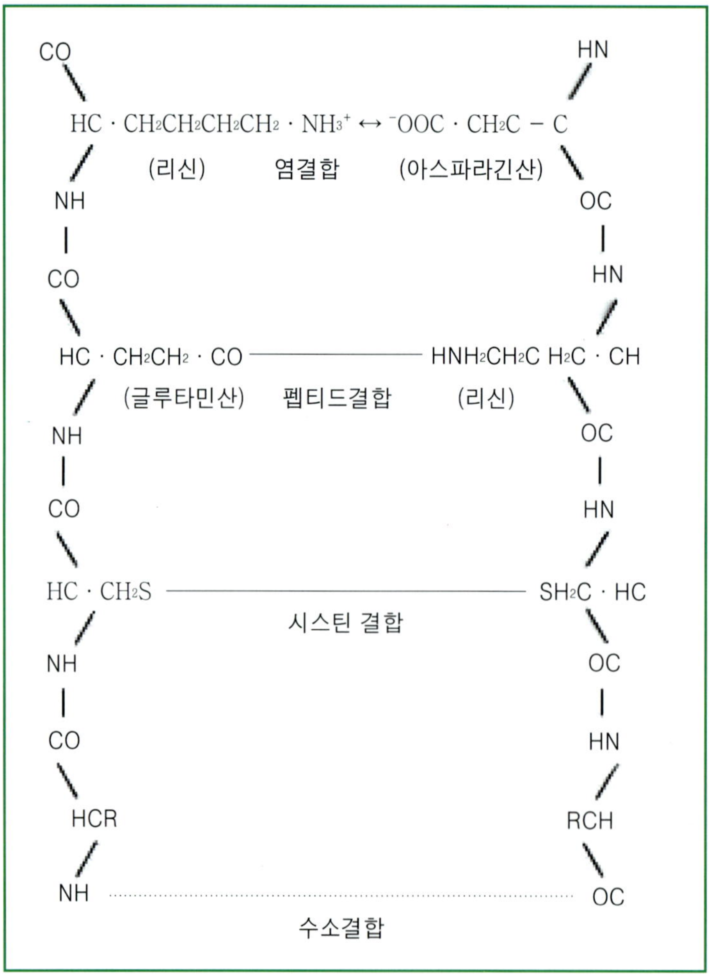

그림 8-6 **케라틴의 화학구조**

헤어와 스캘프의 관리

급변하는 사회현상 속에서 모발과 두피는 많은 요인에 의해 내·외적으로 손상을 받게 된다. 이에 직접적·간접적으로 모발과 두피를 건강하게 개선시키기 위한 노력이 필요하다. 모발손상 정도에 따른 상태를 회복시키기 위한 헤어 트리트먼트(hair treatment)와 과도한 비듬이나 피지를 조절하며 두피세포 기능을 활성화하기 위한 스캘프 트리트먼트(scalp treatment)가 있다.

1. 모발진단과 트리트먼트

건강한 모발이거나 열(드라이, 아이론, 전기 세팅기 등)·화학약품(퍼머넌트, 컬러링, 탈색제 등)·자외선 등에 의해 물리적, 화학적으로 손상된 모발을 유지하고 개선하기 위한 관리이다. 모간 부위에 영양과 수분을 공급하여 모발의 생리기능을 유지하도록 하는 방법으로 양모제(린스, 컨디셔너, 팩, 트리트먼트, 헤어로션, 헤어크림 등)를 사용한다.

1) 모발 진단

모발관리의 효과를 제대로 나타내기 위해선 모발의 상태에 맞는 정확한 진단이 중요하다.

모발에 맞게 제품을 선정하고 시술방법을 선택한다

(1) 문답형식에 의한 진단

고객과의 문답형식을 통해 모발의 상태를 파악하는 것으로 모발진단 카드를 작성한다. 과거의 시술 내역이나 제품에 대한 사용여부 및 알레르기 반응 등을 자세하게 물어보면서 진단한다.

(2) 감각에 의한 진단

모발의 상태를 직접 눈으로 보거나 만져 보고 진단한다. 모발의 밀도나 길이, 손상 정도, 색상, 펌이나 염색의 시술여부 등을 살펴본다.

(3) 마찰 저항 진단

모표피의 손상이 크면 마찰 저항은 커지고 감촉이 떨어진다.

(4) 인장 강도에 의한 진단

모발에 힘을 가했을 때 끊어지지 않고 잘 늘어나는 모발일수록 건강모이고, 쉽게 끊어지는 모발은 신축성이 좋지 않은 손상모이다.

(5) 흡습성, 팽윤성에 의한 진단

모발을 침전시켜 보면 건강모일 경우 약 15% 전후로 중량이 증가하고 손상모는 중량 증가가 크다.

(6) 알칼리 용해도

모발을 알칼리로 처리하면 모발의 중량이 감소하는 데 손상모는 모표피의 손상이 격심한 만큼 모발 중량의 감소량이 크게 된다.

(7) 아미노산의 조성변화 측정

모발을 가수분해하면 손상도가 증가할수록 시스틴의 양이 감소하고 시스테인산의 양이 증가한다.

(8) 모발진단기에 의한 진단

모발진단기를 통해 모표피 및 모피질의 상태를 파악한다.

2) 모발의 종류와 특징

모발도 피부와 같이 피지분비량에 따라 정상모발, 건성모발, 지성모발, 손상모발로 나눌 수 있다.

(1) 정상모발

정상모발이란 피지분비량이 적당하여 모발에 윤기가 흐르는 모발 타입이다. 모표피의 손상이나 이상 현상이 없으며 적당한 강도와 질감, 윤기, 부드러움을 느낄 수 있다. 이 상태를 유지시켜 주는 것이 중요하다.

(2) 건성모발

수분과 유분이 적어 모발이 푸석거리며 윤기가 없이 흩날리는 상태이다. 선천적인 원인과 후천적인 원인으로 나눌 수 있는 데 후천적인 원인으로는 드라이나 아이론과 같이 지나친 열에 의해 변질되었거나 퍼머넌트나 헤어컬러링 등에 의해 물리적, 화학적, 생리적, 환경적인 요인에 의해 단백질 성분이 손상된 상태이다.

(3) 지성모발

모발손상은 적으나 피지분비량이 정상보다 과다하여 모발에 번들거림이 보이는 상태로 모발은 강하나 먼지나 때 등과 같은 외부 오염물질이 잘 달라붙고 칙칙하게 보인다.

(4) 손상모발

퍼머넌트나 헤어컬러링 등 화학적 시술을 자주하면 화학약품에 의해 모발의 수분이 쉽게 증발되고 케라틴 구조와 큐티클의 변형을 초래하여 모발의 윤기가 없어지고 모발끝의 갈라짐을 유발한다. 또한 자외선에 의해서도 아미노산이 변성되어 모발의 탄성이 약해지게 된다. 따라서 퍼머넌트 웨이브의 형성력도 저하된다.

3) 모발의 관리 방법

모발의 상태나 손상정도에 따라 관리방법은 다르나 기본적인 단계는 다음과 같다.

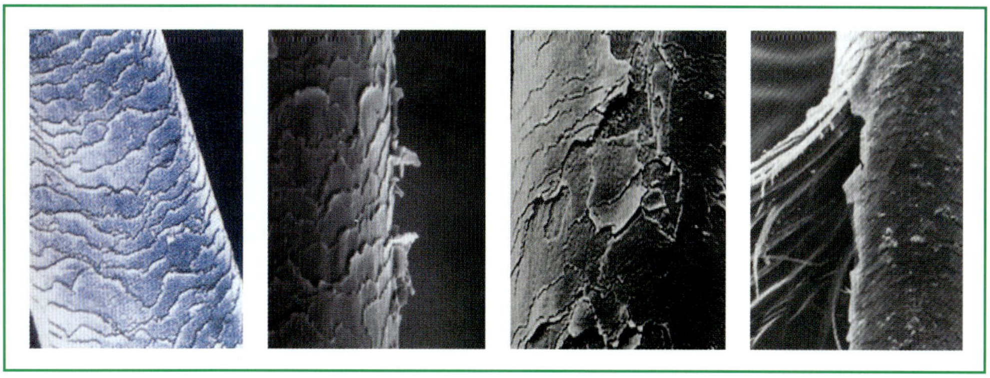

그림 9-1 모발의 손상 형태

(1) 상담 및 모발 진단

모발의 과거 시술 이력과 손상 정도, 모발의 형태 등을 살펴보고 모발진단기를 통해 정확하게 현재 모발의 상태를 파악한다.

(2) 브러싱과 스티머

피지분비를 촉진하기 위해 적당한 굵기의 브러쉬로 두피에서 모발 끝까지 브러싱을 한다. 모발 및 두피 상태에 따라 따뜻한 스팀으로 연화작업을 진행하기도 한다.

(3) 샴푸

모발상태에 따른 양질의 샴푸제를 선택하여 거품을 충분히 내어 샴푸마사지를 진행하고 깨끗하게 헹구어 낸다.

(4) 트리트먼트

모발의 물기를 적당히 제거하고 모발상태에 적합한 헤어 트리트먼트제를 이용하여 모발 스트랜드(strand)를 작은 폭으로 나눠가면서 골고루 도포하고 흡수시킨다.

그림 9-2 헤어 트리트먼트 제품

(5) 기기관리

헤어 트리트먼트제를 도포한 후 약 10~15분 정도 적외선기 또는 오존미스트기 등을 병용해서 유효성분이 모발에 잘 침투시킨다.

(6) 헹굼

물로 깨끗이 헹구어 내고 원하는 헤어스타일로 마무리한다. 곱슬머리나 퍼머넌트웨이브 모발은 찬물로 헹구고, 모량이 많은 경우엔 따뜻한 물 헹굼이 효과적이다.

헤어 트리리트먼트제의 타입별 특정

1. 크림 타입 : 가장 넓은 범위로 사용. 주로 헹궈내는 타입이 많으며 일부 헹궈내지 않는 타입도 있다.
2. 액상 타입 : 고 농도의 성분을 배합한 앰플타입이 많다 Permanent wave나 hair coloring 등의 전처리용으로 사용하는 경우가 많다.
3. 에어로졸 타입 : 최근 많이 사용. 분사형과 거품형이 있으며 헹궈내지 않는 타입이 많다.

2. 두피진단과 트리트먼트

두피는 신체의 중요한 한 부분으로서 피부와 같이 원활한 혈액순환에 의한 영양공급에 의해 세포분열과정을 거쳐 일정한 각화주기를 가진다. 하지만 여러 가지 내적요인(호르몬 분비의 이상, 식생활과 소화기관의 이상, 스트레스 등)과 외적요인(물리적, 화학적, 환경적 요인 포함)으로 인해 각화주기에 변화가 발생하며 청결하지 못한 환경으로 인해 모공 및 한선 등을 막음으로써 모발의 정상적인 성장을 저해하고 더 나아가 탈모를 유발하기에 이른다. 따라서, 건강한 두피 및 모발을 유지하기 위해서는 노화된 각질이나 피지산화물 등을 제거해줌으로써 각화주기를 정상화시키고 신진대사의 기능이 향상되도록 관리를 해야 한다.

1) 두피진단

두피를 올바르게 진단하기 위해서는 샴푸한 시기를 정확하게 계산해야 한다.

(1) 피지량

피지분비량을 측정하여 지성두피인지 건성두피인지를 파악한다.
정상적인 피지량을 1~2g/day이다.

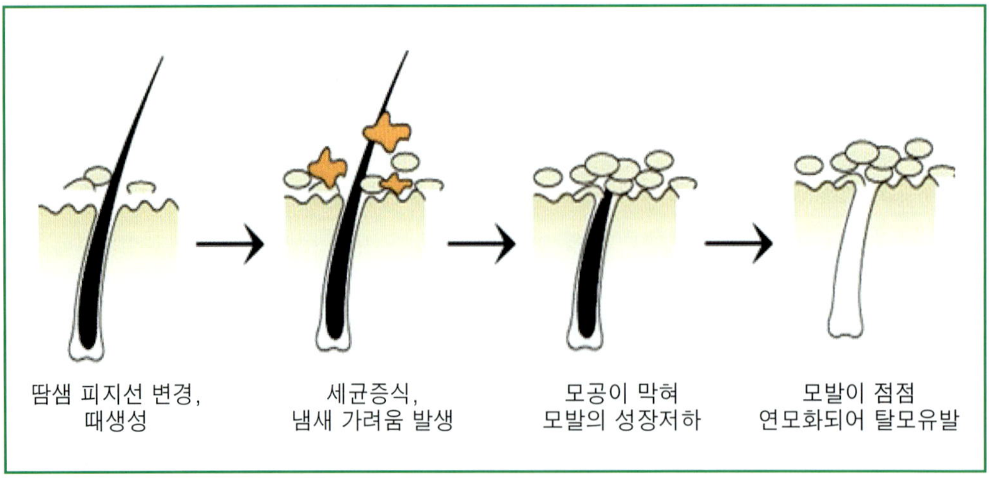

그림 9-3 탈모의 과정

(2) 두피의 색상

정상두피는 맑고 투명한 색상을 띄고, 탈모성 두피는 황색, 심한 지루성 두피는 붉은 색을 띠는 경우가 많다.

(3) 모공의 상태

정상적인 모공은 오목하게 들어간 부분이 선명하게 보인다.

(4) 모발의 굵기

기존 모발이나 신생 모발의 굵기를 측정하여 연모화 정도를 파악한다.

(5) 모발의 밀도

진단화면에서 보여지는 모공의 개수와 한 모공에서의 모발의 개수를 파악한다.

2) 두피의 종류와 특징

두피의 상태에 따라 정상 두피, 건성 두피, 지성 두피, 비듬성 두피, 민감성 두피, 탈모성 두피 등으로 나눌 수 있다.

(1) 정상 두피(normal scalp)

노화각질이나 이물질이 두피에 없어야하며 두피색이 투명하여 연한 살색 또는 청백색을 띤다. 모공은 윤곽선이 뚜렷하며 모공당 1~3본의 모발이 존재한다. 동일한 모공에서 나온 모발은 일정한 굵기를 보이며 평균 0.08~0.1mm이다. 일정한 모공의 간격이 유지되고 빈모공이 없어야 하며 밀도는 140~160본/1cm^{2}이다.

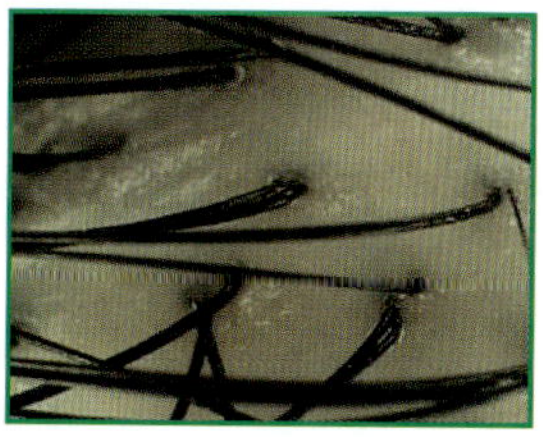

(2) 건성 두피(dry scalp)

2~3일정도 머리를 감지 않아도 불편함을 느끼지 않으며, 피지분비가 원활하지 못해 두피가 건조하고 마른비듬이 발생할 수 있다. 모발 또한 건조하고 가는 상태이다. 모공주변의 수분 증발 및 피지분비 장애 등으로 모공윤곽선이 불분명한 상태이다. 건성두피는 두피건조에 따른 두피 당김이나 가려움증을 동반하며 심하게는 염증을 수반하기도 한다.

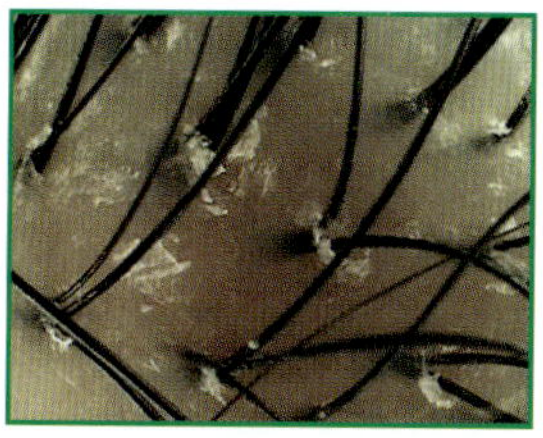

(3) 지성 두피(Oily scalp)

하루만 머리를 감지 않아도 유분이 많아 두피가 눅눅하고 모발이 달라붙으며 끈적임으로 모발의 힘이 없다. 피지 분비가 과도하여 두피와 모발에 번들거림이 심하며 일반적으로 황색을 띤다. 각화작용이 원활하지 못한 상태로 두피에 노화각질이 많으며 피지덩어리를 발견할 수 있다.

(4) 비듬성 두피(Dandruff scalp)

비듬균의 이상증식과 신진대사의 불균형 등에 의해 과다한 각질이 형성된다. 건성비듬과 지성비듬으로 분류할 수 있으며 가려움증과 염증이 나타난다. 건성비듬은 미세하고 건조한 하얀 가루 조각들을 볼 수 있으며, 지성비듬은 기름기가 있고 땀과 먼지 등이 엉겨 붙은 조각들을 확인할 수 있다.

(5) 민감성 두피(Sensitive scalp)

건성, 지성, 비듬성 등의 다른 두피와도 함께 공존할 수 있다. 대체로 두피톤이 전체적·부분적으로 붉으며 모세혈관 충혈이 보인다. 살짝 긁으면 쉽게 빨갛게 되고 따가움과 자극감이 크다. 민감성 두피는 두피를 청결하게 하고 심한 자극을 주지 않도록 해야 한다.

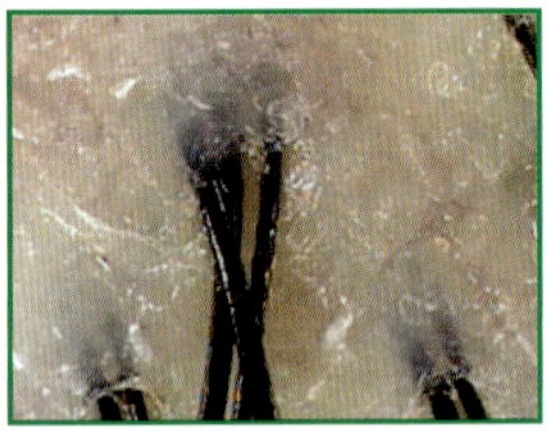

(6) 탈모성 두피(Alopecia scalp)

전체적으로 두피 색상은 황색의 혼탁한 톤을 보이며 부분적으로 피지선이 비대하고 혈행 이상으로 얼룩이 보인다. 정수리 부근에 빈모공이 많으며 모발의 연모화 현상이 있다. 동양인의 경우 하루 100개 이상, 서양인의 경우 하루 120~150개 이상 탈락될 경우 탈모가 진행 중인 것이다. 남성형 탈모, 여성형 탈모, 원형 탈모, 결발성 탈모 등이 있다.

3) 두피 관리 방법

두피모발관리의 기본적인 단계는 다음과 같다.

(1) 상담 및 두피진단

두피상태의 정확한 원인을 파악하기 위해 충분히 상담하고 모발진단기로 두피 상태를 살펴 정확하게 진단하여 두피타입, 관리방법 및 관리기간 등을 결정한다.

(2) 브러싱 및 스티머

브러싱은 모발과 두피에 쌓인 오염 물질을 제거하고 엉킨 모발을 정돈해 주며 두피의 혈행을 촉진시킨다. 왼쪽 사이드 페이스라인부터 브러싱을 시작하여 오른쪽 귀 윗부분, 네이프 순으로 시계방향으로 돌면서 브러싱한다. 두피타입에 맞게 스티머의 시간과 강약을 조정하여 시술한다. 따뜻한 스팀공급을 통해 모발과 두피에 수분을 공급하고 오래된 각질을 쉽게 제거할 수 있도록 도와준다.

탈모의 전조현상

탈모가 진행되기 전에 나타나는 현상들을 말하며 이러한 현상을 느끼게 되면 평소 샴푸에 더욱 신경을 써야한다. 더욱 청결하게 관리하고 두피마사지나 고른 영양공급을 위해 식습관 조절을 필수적으로 병행해야 한니.

1. 갑자기 비듬의 양이 많아진다.
2. 두피와 모발이 건조해진다.
3. 두피가 자주 가렵다.
4. 두피에 기름기가 많아지면서 지저분해진다.
5. 머리카락이 가늘어지고 부드러워진다.
6. 아침에 일어나서 보면 베개에 머리카락이 많이 떨어진다.
7. 이마가 자꾸 넓어지거나 정수리부분이 가늘어진다.
8. 다이어트를 했더니 모발이 가늘어지고 힘이 없다.
9. 팔, 다리, 가슴 등에 털이 많아진다.
10. 빠지는 모발의 양이 많아지더니 줄어들지 않는다.
11. 양 이마라인이 점점 약해지기 시작한다.
12. 두피밑이 누르면 아프다.

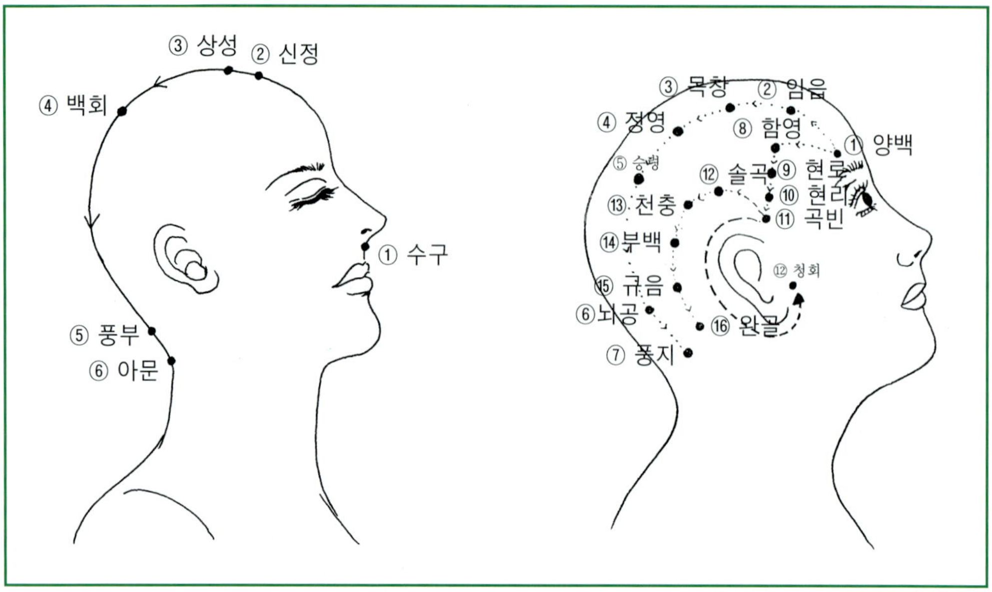

그림 9-4 두피 지압점

(3) 두피 스켈링(Scaling)

오래된 각질 및 산화된 피지, 비듬, 노폐물을 제거하여 두피를 깨끗하게 하고 모공의 상태를 제품이 침투하기 용이하게 한다. 두피타입에 따른 스켈링을 실시하여 모발이 건강하게 자랄 수 있는 환경을 조성해 준다.

(4) 두피마사지

두피의 경혈점을 자극하여 혈액순환을 촉진시키고 영양공급을 활성화시켜 준다. 두피마사지에 들어가기 전에 어깨와 목 근육을 이완시키고 전두부에서 두정부, 좌우 측두부에서 시작하여 두정부를 향하여, 후두부에서 두정부를 향하여 지압하면서 마사지한다.

(5) 샴푸

두피와 모발의 상태에 따라 샴푸제를 선택하고 손가락지문을 이용하여 자극을 최소화하며 마사지하듯 문지른 후 충분히 헹구어 낸다.

(6) 트리트먼트

두피 트리트먼트는 두피의 청결유지, 비듬방지, 가려움 방지, 탈모방지, 육모효과 등의 역할을 가진다. 두피 및 모발의 생리기능을 활성시키기 위해 앰플 등을 도포한다.

(7) 특수 관리 및 마무리

두피개선 및 재생을 위해 두피 육모제품이나 기기 등을 활용한다.

(8) 홈케어(home care)

그림 9-5 스캘프 트리트먼트 제품

헤어 샴푸와 린스

1. 헤어 샴푸의 개념과 사용방법

1) 헤어 샴푸(hair shampoo)의 개념

샴푸(shampoo)란 '머리를 씻다'의 의미로 다른 미용기술이 손쉽게 이루어지도록 만드는 기초과정으로 아주 중요한 부분 중의 하나이다. 최근에는 독립된 하나의 헤어 서비스의 메뉴얼로 부각되고 있다. 이때 사용되는 샴푸제는 두피와 모발에 묻어있는 먼지나 노폐물들을 씻어내어 항상 청결한 상태의 두피와 모발을 유지시켜 생리적 기능을 도와 아름답게 스타일링할 수 있도록 사용하는 모발관리용 화장품을 말한다. 이렇듯 샴푸의 1차적인 목적은 모발과 두피의 세정작용이고 2차적인 목적은 두피에 적당한 자극을 주고 모발의 육성을 촉진하는 것이다. 따라서 아래의 조건에 합당한 샴푸제를 선택하여 사용하도록 한다.

- 세정력이 우수할 것
- 거품이 풍부하고 입자가 고울 것
- 눈이나 피부에 자극이 없을 것
- 어떠한 물에도 원활하게 작용하고, 쉽게 씻어낼 수 있어야 할 것
- 장기간 보존해도 변질이 없을 것

(1) 샴푸의 성분

샴푸의 주성분은 음이온 계면활성제이며 거품제, 활성제, 증점제, 정전기 방지제, 향료, 색소, 조정제, 보습제, 물 등이 배합되어 있어 유화작용, 분산작용, 침투작용, 습윤작용, 가용화, 흡착성 등으로 두피와 모발의 때와 피지를 제거한다.

즉, 계면활성제의 분자가 용액 중의 평균농도로부터 계면에 흡착되어 계면작력을 저하시켜 때의 부착력을 약화시키며 모발의 표면에서 제거하는 것이다.

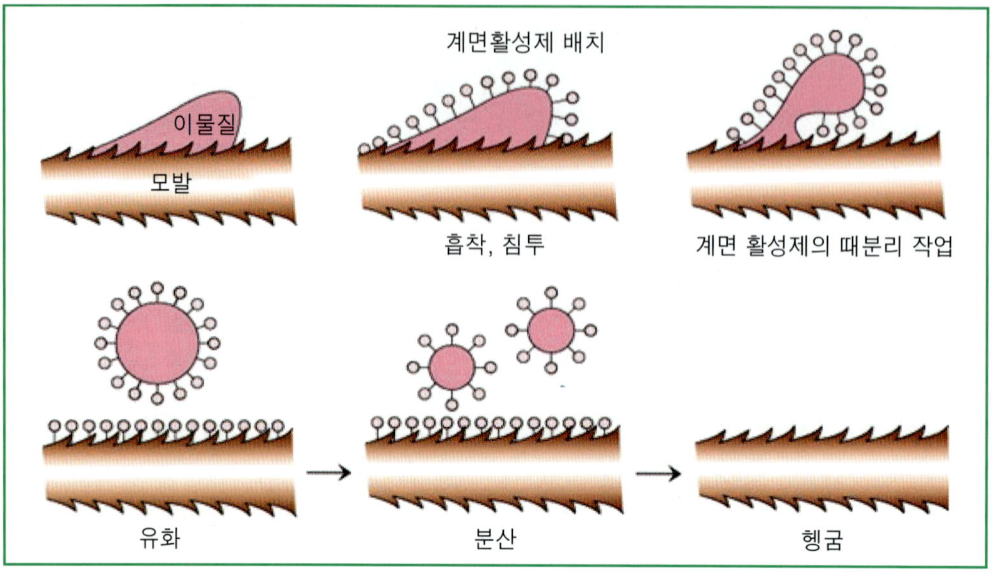

그림 10-1 **계면활성제의 작용 기전**

(2) 계면활성제의 분류

계면활성제(surface active agent)는 분자구조상 친수성 원자단(hydrophilic)과 친유성 원자단(lipophilic)을 동일 분자내에 지니고 있어 이 두개의 원자단의 힘의 세기에 따라 계면활성제로서 성질이 변화한다(친유기 → 친수기).

계면활성제는 물에 용해되었을 때 이온화 상태에 따라 음이온 계면활성제, 양이온 계면활성제, 양성 계면활성제, 비이온 계면활성제로 분류된다.

① 음이온(anionic) 계면활성제

샴푸와 비누, 클렌징 폼 등에 많이 사용되며, 세정효과와 기포형성력이 뛰어나고 습윤제와 유화제로 사용된다.

② 양이온(cationic) 계면활성제

헤어린스제나 트리트먼제 성분으로 사용되며, 소독과 살균 작용이 우수하고 습윤, 유화, 흡착, 침투작용의 효과가 있다.

③ 양성(ampholytic) 계면활성제

세정작용이 있으며, 피부자극이 적어 저자극 샴푸나 베이비 샴푸 등에 사용되며, 용액의 pH에 따라 산성일 때는 살균작용이 좋고, 알칼리성일 때는 세정 작용이 더 우수하다.

④ 비이온(non ionic) 계면활성제

피부자극이 적어 화장품의 유화제로 많이 사용되며, 습윤과 세정, 유화작용이 뛰어나다.

2) 헤어 샴푸제의 종류와 사용방법

샴푸는 형상에 따라 리퀴드타입(liquid type)과 크림타입(cream type), 젤타입(gel type) 등의 여러 종류의 형태가 있으며, 기능에 따라 약용타입, 컨디셔닝 타입 등이 있다. 모발 상태와 두피 상태를 잘 파악하여 알맞은 샴푸제를 선택한다.

(1) 헤어 샴푸제의 종류

① 지성용 샴푸

지성두피 및 지성모발에 사용되며, 유성분이 적게 배합되어 있다. 과도한 피지분비를 조절하고 두피의 지성화를 완화시켜주는 샴푸제이나, 세정력이 강하며 소염효과를 가진다.

② 건성용 샴푸

건성두피 및 건성모발에 사용되며, 건조하고 푸석한 모발에 영양과 수분을 보충해 주는 샴푸제이다. 세정력을 다소 억제하면서 유분을 주는 것이 특징이다.

③ 염색모발용 샴푸

염색된 모발의 색상을 오래 유지시키기 위해 사용하는 샴푸제로 퇴색을 방지하며 모발을 보호하는 효과가 있다.

④ 퍼머모발용, 손상모발용 샴푸

퍼머넌트 후의 모발이나 손상되어 다공성을 가진 모발에 영양을 공급하여 탄력성을 증진시키는 샴푸제이다.

⑤ 비듬방지용 샴푸

두피의 노화각질과 피지의 분해산화물이 혼합된 비듬을 제거하는데 사용된다. 항균, 항염의 효과가 있는 성분을 포함한다.

⑥ 탈모방지용 샴푸

과도한 피지분비를 조절하고 두피의 혈액순환 촉진 및 부족한 영양을 공급하여 모발성장을 촉진하는 효과를 가진다.

⑦ 샴푸린스 겸용 샴푸

샴푸의 음이온 계면활성제의 세정효과를 저하시켜 샴푸 후의 청량감은 떨어지고 린스의 양이온 계면활성제의 효과도 저하되어 컨디셔닝 효과도 떨어진다.

(2) 헤어 샴푸하는 방법

헤어 샴푸를 시술하기 전에 시술자는 반지 등의 악세사는 빼놓고 손톱은 단정하게 정리한다. 샴푸 시에는 수시로 물의 온도를 확인하고 고객의 귀나 눈, 목뒤에 물이 들어가지 않도록 주의한다.

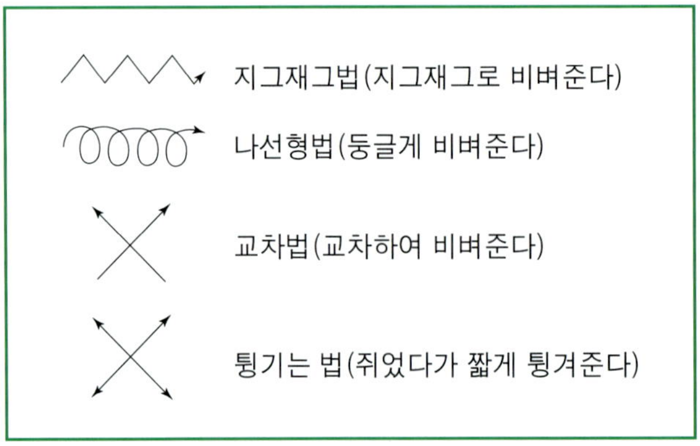

그림 10-3 샴푸의 기본 동작

주요 샴푸 순서 및 방법은 아래와 같다.

① 모발과 두피에 알맞은 샴푸제를 선정한다.
② 샴푸 전에 가볍게 우드브러싱을 하여 1차 오염물을 제거한다.
③ 모발과 두피를 따뜻한 물로 충분히 적신다.
④ 샴푸제를 손에 덜어 두피에 골고루 도포한다.
⑤ 두피에서 가볍게 거품을 낸다.
⑥ 가볍게 헹구어 내고 2차 샴푸제를 골고루 두피에 도포한 후 거품을 충분히 낸다.
⑦ 거품이 충분히 난 상태에서 앞뒤, 좌우 왕복하여 샴푸의 기본 동작으로 두피마사지를 진행한다.
⑧ 모발과 두피에 샴푸제가 남지 않도록 따뜻한 물로 충분히 헹구어 낸다.

2. 헤어 린스의 개념과 사용방법

1) 헤어 린스(hair rinse)의 개념

린스(rinse)란 '헹구다'의 의미로 린스제 샴푸 후의 모발에 남아 있는 금속성 피막과 불용성 알칼리 성분을 제거하고 모발표면의 상태를 마무리하는 모발관리용 화장품이다. 헤어린스는 모발 본래의 윤기를 보충하고 샴푸 후의 모발의 푸석거림을 조정하여 촉감을 증진시킨다. 또한 유분을 보급하여 촉촉함을 제공하고, 빗질시의 마찰을 줄여 모발 표면에서 정전기 발생을 억제하는 기능 등을 한다.

(1) 헤어 린스의 성분

린스의 주성분은 양이온 계면활성제이며, 콜라겐(collagen)과 엘라스틴(elastin) 같은 보습제, 습윤제, pH조절제, 금속이온봉쇄제, 유성성분 등이 배합되어 있어 수분과 손상모에 대한 영양을 공급하여 모발의 탄력성에 도움을 준다.

(2) 헤어 린스의 선택

퍼머넌트 웨이브나 헤어블리치, 헤어컬러링 등의 시술 후에는 머리카락이 건성화되어 손상되기 쉽기 때문에 레시틴, 라놀린 같은 유분과 단백질을 주로 한 린스제가 적합하다. 또한 시술후의 모발의 pH가 알칼리성으로 기울어져 있기 때문에 산성효과가 있는 린스제를 사용하는 것도 중요하다.

펌 전용 린스 손상모용 린스

그림 10-4 린스 종류

2) 헤어 린스제의 종류와 사용방법

린스는 형상별 유액린스, 오일린스, 크림린스로 분류되며 기능별 플레인 린스와 약용린스 등으로 나눌 수 있다.

헤어 린스는 일반적으로 미지근한 물에 풀어서 머리카락에 이용하거나 직접 머리카락에 도포하여 문지른 후 가볍게 물로 헹구는 방법 등이 있다.

(1) 헤어 린스제의 종류

① 유액 린스

사용되는 경수 속의 칼슘과 마그네슘 등에 의해 생성된 금속피막을 제거하기 위해 사용되었는데 최근에는 퍼머넌트 웨이브 시술 후 잔류하는 알칼리성분을 중화시키는 용도로 사용된다. 구연산, 레몬, 식초 등을 미지근한 물에 풀어서 이용하는 산성린스(acid rinse)가 포함된다. 산성린스는 약간의 표백작용이 있으므로 장시간 사용은 피한다.

② 오일 린스

양이온 계면활성제가 발달하기 전에 샴푸 후의 유분을 공급하기 위해 사용하였으나 지나치게 지성화하는 결점이 있어 현재는 잘 쓰지 않고 있다.

③ 크림 린스

샴푸후의 발생하는 음전기를 중화시키기 위해 양전기를 발생시키는 성분으로 고급지방산이나 고급알코올에 라놀린, 레시틴 등의 유지를 유화시켜서 제조하므로 고르게 린스 효과를 보급한다.

④ 플레인 린스(plain rinse)

린스제를 사용하지 않고 단순히 미지근한 물(38~40℃)로 모발을 헹구는 방법으로 퍼머넌트 시술 과정에서 1액을 세척하는 중간린스를 말한다.

산성 린스(acid rinse)

1. 구연산 린스(citric acid) - rmaustks 1.5g을 약 0.5 l 의 미지근한 물에 희석해서 사용한다.
2. 레몬 린스(remon) - 레몬 1개의 즙을 약 0.5 l 의 미지근한 물에 희석해서 사용한다.
3. 비니거 린스(vineger) - 식초나 초산을 10배정도 희석해서 사용한다.

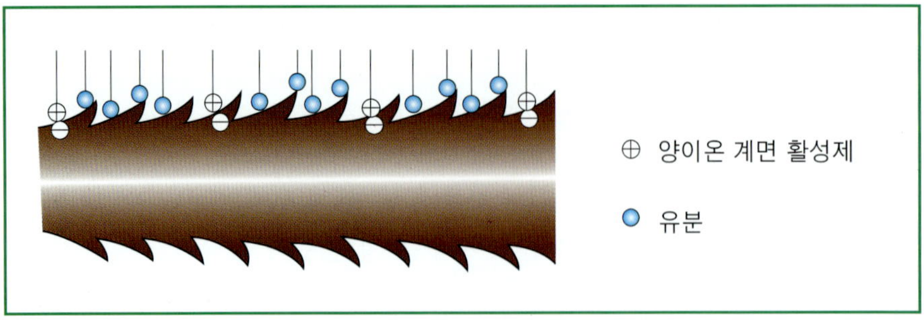

그림 10-5 **린스의 흡착**

⑤ 약용린스

가려움증이나 비듬증세가 있을 때 사용하는 린스제로 살균, 소독 작용이 있는 물질이 배합되어 있다. 약용 린스제를 탈지면에 묻혀 사용하거나 두피나 모발에 전체 도포하여 마사지를 통해 효과를 보기도 한다.

(2) 헤어 린스 하는 방법

헤어 린스는 너무 빠르지 않은 속도감으로 고객에게 진행하여 이완의 느낌을 유도한다. 두피에는 지압 동작을 실행하고 노발에는 연결 마사지를 진행하면 효과적이다.

① 헤어샴푸제가 모발과 두피에 남지 않도록 깨끗이 헹구어 낸다.
② 모발의 물기를 충분히 제거한다.
③ 적당량의 린스제를 손에 덜어 모발부분에만 골고루 펴서 바른다.
④ 모발과 두피를 마사지한 후 깨끗하게 헹구어 낸다.
⑤ 두상에서 모발까지 수분을 타월로 누르듯이 닦아내어 제거한다.

린스, 컨디셔너, 트리트먼트의 차이점

1. 린스(rinse) – 샴푸 후의 금속피막을 제거하고 정전기 발생을 방지하고 모발표면을 보호하며 윤기를 주고 유연하게 하며 엉킴을 방지한다.
2. 컨디셔너(conditioner) – 린스보다는 영양성분을 더 공급하며 모발을 건강한 상태로 유지한다.
3. 트리트먼트(treatment) – 컨디셔너와 유사하나 모발 보호성분의 함량이 높고 지속력이 좀 더 우수하다. 손상모, 극손상모를 대상으로 하여 충분한 영양공급으로 윤기 또는 힘을 형성한다.

헤어컬러링

1. 색채의 이해

모든 사물의 색은 태양광선 아래에서 서로 다른 고유한 색을 가지는 데 이것은 빛의 파장이 다르기 때문이다. 사물에서 반사되어 우리 눈의 망막에 있는 시세포의 추상체를 자극시켜 우리가 색을 느끼게 된다.

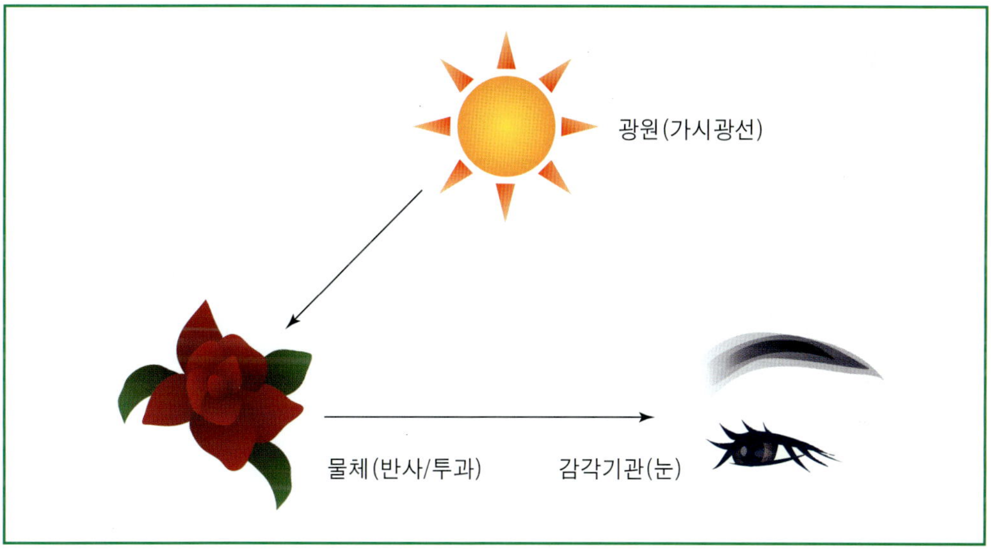

그림 11-1 색의 3요소

1) 색의 분류

색은 크게 무채색과 유채색으로 분류할 수 있다. 흰색, 회색, 검정색과 같이 색상 또는 채도가 없는 색을 무채색이라 한다. 무채색은 밝고 어두움의 정도 즉 명도 차이로만 구분된다. 무채색을 제외한 모든 색을 유채색이라 하며 빨강이나 파랑 같은 색감을 가지고 있다.

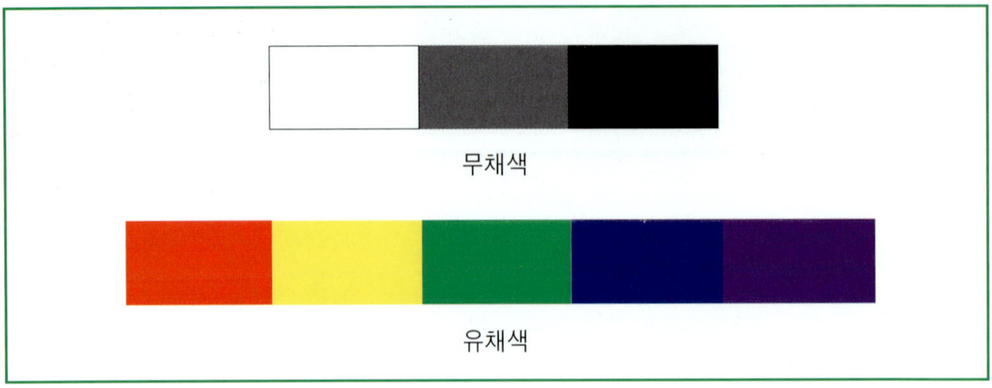

그림 11-2 색의 분류

표 11-1 색명 및 색기호

색표	색명	계통색명 기호	계통색명	한국표준색표의 책기호
	빨강	R	Red	5R 4/14
	주황	YR	Yellow Red(Orange)	5YR 6/14
	노랑	Y	Yellow	5Y 8.5/14
	연두	GY	Green Yellow	5GY 7/10
	녹색	G	Green	5G 5/10
	청록	BG	Blue Green(Cyan)	5BG 5/10
	파랑	B	Blue	5B 5/10
	남색	PB	Purple Blue(Violet)	5PB 4/12
	보라	P	Purple	5P 5/10
	자주	RP	Red Purple(Magenta)	5RP 4/12

2) 색의 3속성

우리가 보고 느끼는 색채는 색상, 명도, 채도 3가지 속성을 가지고 있다.

색상(Hue)은 빛을 프리즘을 통하여 분광시키면 무지개에서 볼 수 있는 빨강, 주황, 노랑, 초록, 파랑, 남색, 보라로 이어지는 색띠인 스펙트럼이 나타나는데, 스펙트럼상의 색의 종류를 구별하기 위하여 붙어진 명칭들이다. 색채와 색상은 동일한 것이 아니며, 색채는 색상에 명도와 채도가 합쳐져 이루어진다.

명도(Value)는 색채의 밝은 정도를 말하며, 숫자 '1'부터 '10'사이로 표시한다. 밝기가 전혀 없는 검정색은 명도가 '1'이며, 가장 밝은 흰색은 명도가 '10'이다.

채도(Chrome)는 색기운의 정도를 나타내는 수치이다. 스펙트럼에 나타나는 순색이 채도가 가장 강하며, 순색에 흰색과 검정색을 합친 회색을 더할수록 채도가 낮아진다.

3) 색의 혼합

빨강, 노랑, 파랑을 삼원색이라 하는데 다른 색상을 혼합하여 만들 수 없기 때문에 1차색이라고 불린다. 이 1차색을 1:1 비율로 혼합하여 2차색을 만들고, 1차색과 2차색을 1:1 비율로 혼합하여 3차색을 만든다.

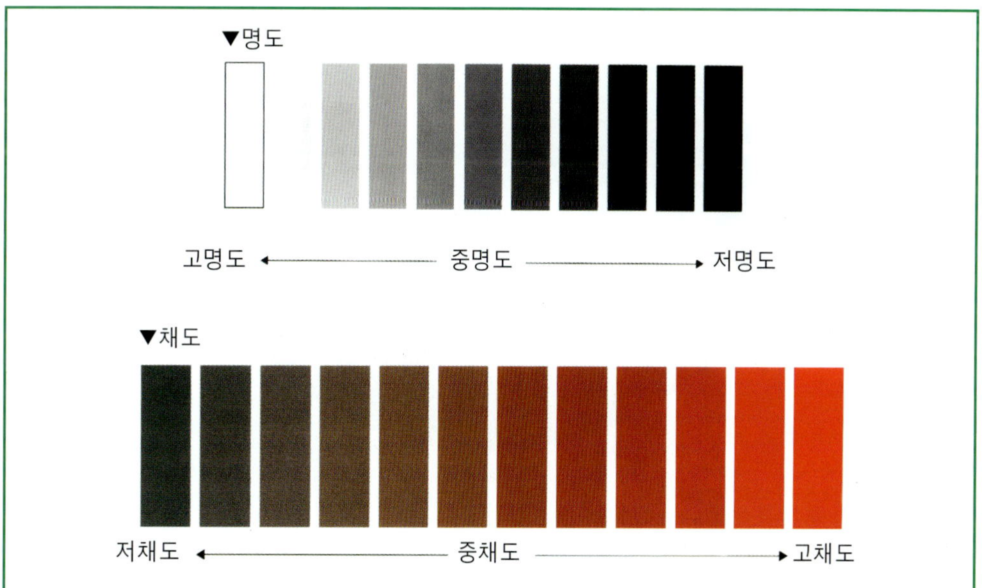

그림 11-3 명도와 채도

4) 보색

색상환에서 서로 정반대편에 위치해 있는 색상을 보색이라고 한다. 보색끼리의 혼합은 무채색이 된다. 염색에서도 서로의 색상을 중화시킬 때 이용하면 갈색으로 만들 수 있다.

5) 한색과 난색

한색은 차가운 느낌을 주는 색이고, 난색은 따뜻한 느낌을 주는 색이다.

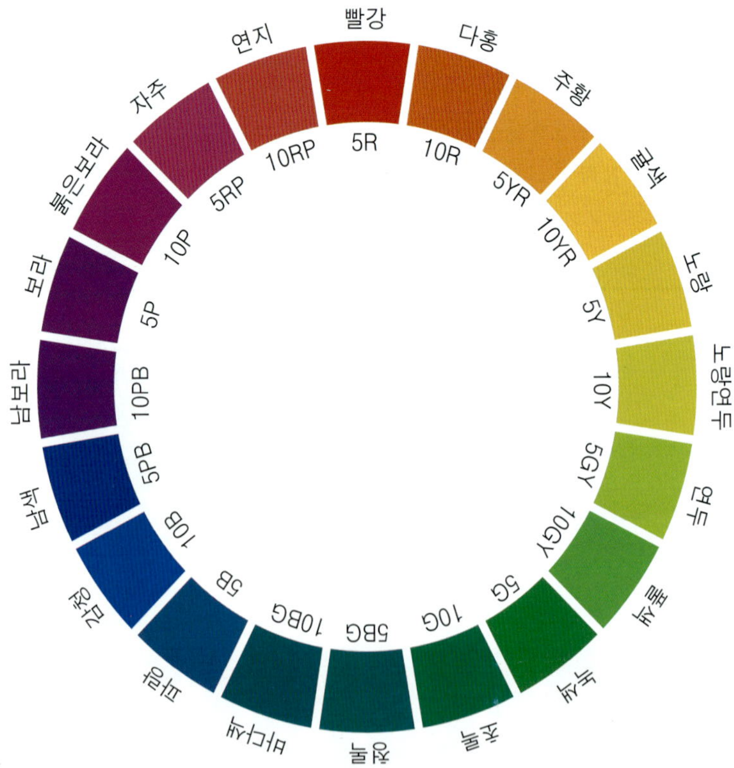

그림 11-4 색상환

2. 헤어 컬러링의 종류와 시술방법

1) 헤어 컬러링의 정의

모발의 색상은 조금만 변화를 주어도 분위기를 새롭게 하는 특성이 있다. 특히 동양 여성들의 모발의 색은 어둡기 때문에 모발색의 변화가 필요한 경우가 있고 이렇게 원하는 색을 모발에 물들이는 것을 헤어 컬러링(hair coloring), 헤어 틴트(hair tint), 헤어 다잉(hair dying)이라는 용어로 부른다.

- 헤어 컬러링(hair coloring)은 단순히 모발 색을 밝게 탈색시키는 것이 아니라 자연 모발(virgin hair)과 염색 모발(coloring hair), 그리고 탈색된 모발(bleach hair)에 다양한 인공색상을 착색시키는 것으로 정의된다.
- 탈색(bleaching)은 자연 모발이나 염색된 모발의 색상을 제거하고 밝은 색의 명도를 얻기 위한 인위적인 작업이다.
- 퇴색(hair fading)은 일정시간이 지나면서 색이 바래는 현상으로 물이나 바람, 자외선 등에 의해 활성화된 산소분자가 모발의 멜라닌 색소를 산화함으로써 모발을 밝게 만드는 것으로 자연탈색이라 할 수 있다.

2) 헤어 컬러링제의 종류

염모제의 지속기간에 따라 일시적 염모제, 반영구적 염모제, 영구적 염모제로 나눌 수 있다.

(1) 일시적 염모제(Temporary hair coloring)

1~2회의 샴푸만으로 색상이 제거되는 염모제로 다양하고 특이한 색상을 나타낼 수 있다. 모발 손상이 없으며 사용이 간편하나 마찰이나 땀에 의해 지워지기 쉽다. 컬러스프레이, 컬러무스, 컬러젤 등이 있으며 일시적 염색시술은 고객준비, 사전샴푸, 도포, 스타일링, 후처리 순으로 이루어진다.

(2) 반영구적 염모제(Semi-permanent coloring)

약 2~4주정도 지속기간을 갖으며 본래의 모발 색을 변화시키지 않으면서 윤기를 주고 두피와 피부이상을 일으키지 않는다. 그러나 장기간 반복하여 시술할 경우 모발이 뻣뻣해지며, 피부에 묻으면 잘 지워지지 않는 단점이 있다. 산성칼라, 산성염료 등이 있으며 염색시술은 모발진단, 상담, 고객준비, 도구준비, 블로킹 및 섹션, 도포, 방치시간, 컬러테스트, 샴푸, 후처리 순으로 이루어진다.

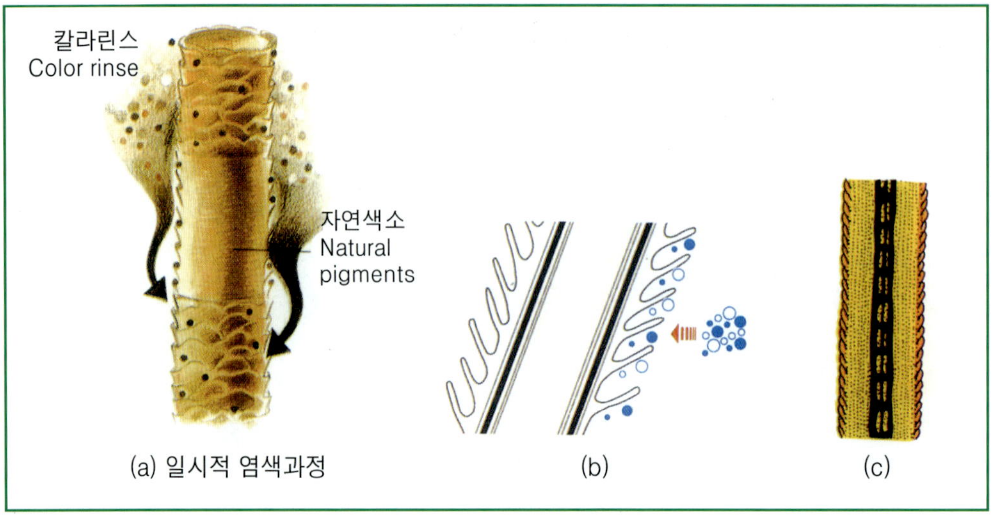

그림 11-5 일시적 염색과정과 모발침투 정도

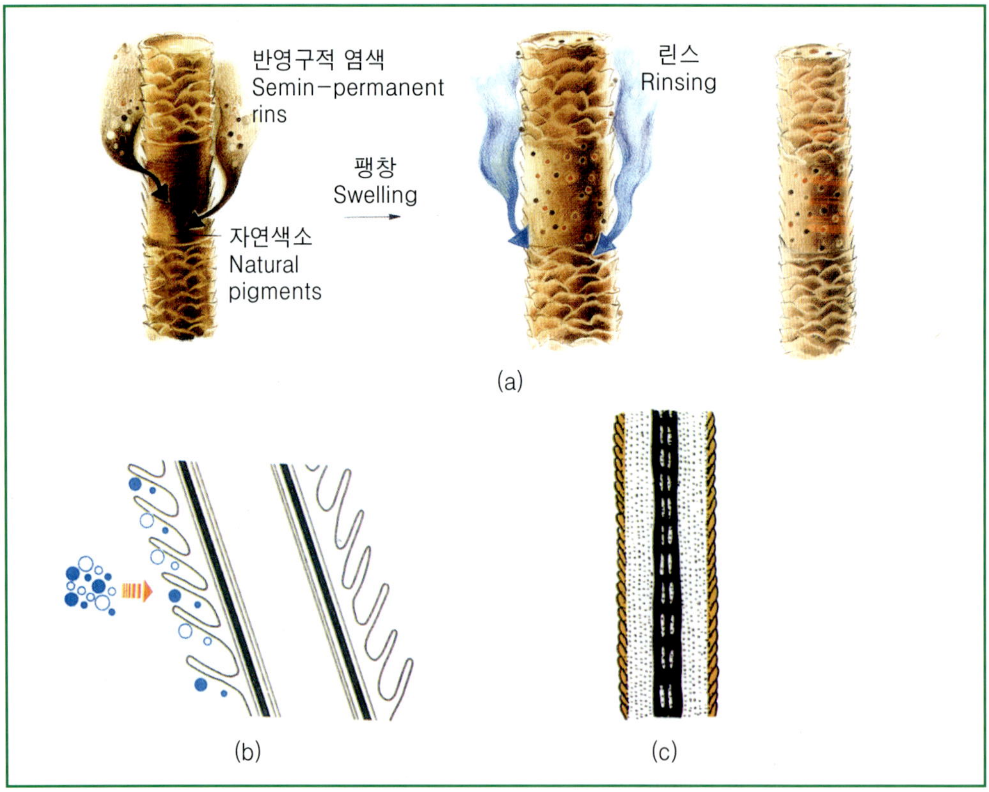

그림 11-6 반영구적 염색과정과 모발침투 정도

(3) 영구적 염모제(Permanent coloring)

현재 가장 많이 이용되는 산화염모제를 포함하며 식물성 염모제, 금속성 염모제가 이에 해당한다. 어두운 색부터 밝은 색까지 표현이 가능하며 체질에 따라 알러지 반응을 일으킬 수 있다. 염색 후 모발관리를 잘 하지 않으면 모발손상이 발생한다. 영구적 염색시술은 두피 및 모발진단, 색상선정, 고객준비, 도구준비, 블로킹 및 섹션, 약제혼합, 도포, 방치, 컬러체크, 샴푸, 스타일링, 홈케어 어드바이스, 후처리 순으로 이루어진다.

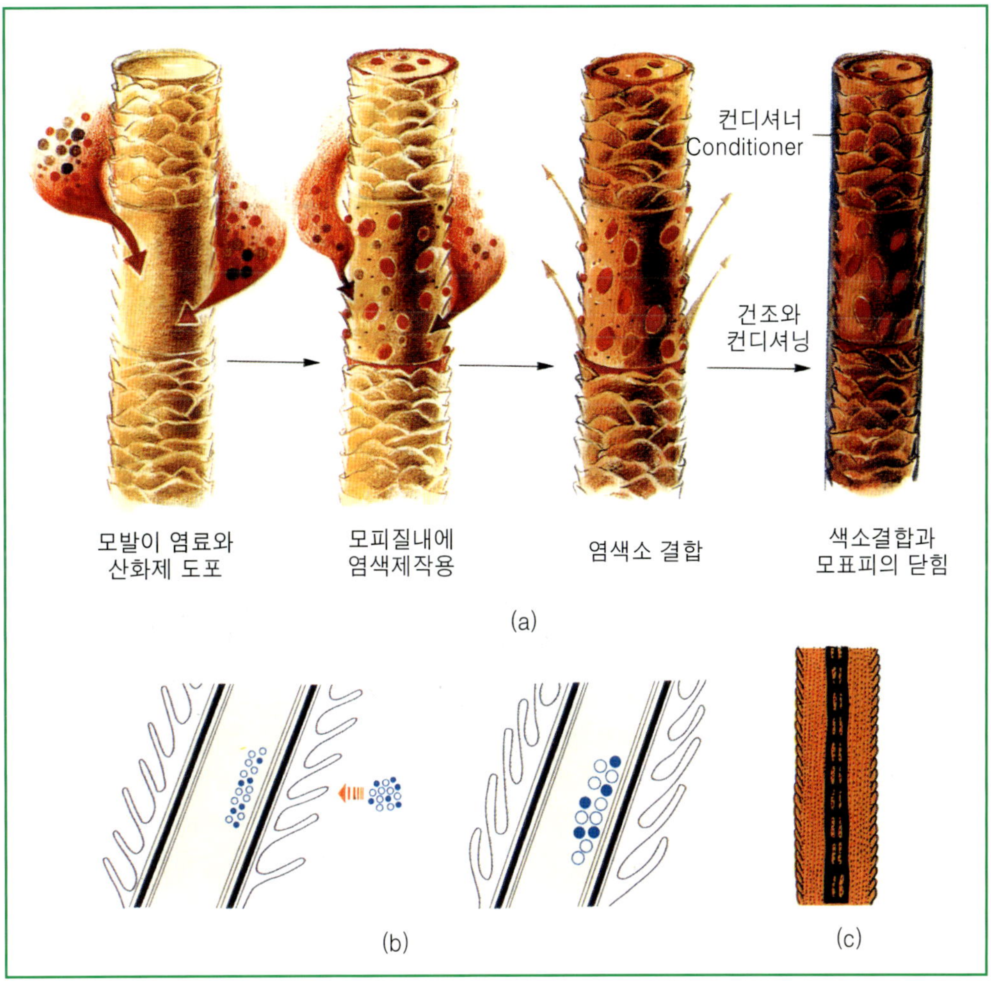

그림 11-7 영구적 염색과정과 모발침투 정도

표 11-2 염색 기록 카드 작성의 예

염색 기록 카드

성명 ______________ 전화번호 ______________

주소 ______________________________

Pach Test : ☐ 음성반응 ☐ 양성반응 테스트 날짜 ______________

눈동자색 ______________ 피부톤 ______________

모발

형태	길이	질감	밀도	다공성	
☐ 직모	☐ 짧다	☐ 굵다	☐ 숱이 없는	☐ 심함	☐ 저항적
☐ 파상모	☐ 중간	☐ 중간	☐ 중간	☐ 보통	☐ 매우 저항적
☐ 곱슬모	☐ 길다	☐ 가늘다	☐ 숱이 많은	☐ 정상	☐ 펌 웨이브

자연모발색 ______________________________

레벨	톤	강도	범주
(1~10)	(따뜻함 차가움 기타)	(순함 중간 강함)	(B W S R)

두피상태

☐ 정상 ☐ 건성 ☐ 지성 ☐ 민감성

모발상태

☐ 정상 ☐ 건조 ☐ 지성 ☐ 퇴색 ☐ 불규칙함

백모량 ______________ 백모 위치 ______________

이전에 탈색한 탈색제품명 ______________ 방치시간 __________

이전에 염색한 염색제품명 ______________ 방치시간 __________

☐ 자연모발 샘플 동봉 ☐ 자연모발 샘플 동봉 안됨

희망하는 모발색 ______________________________

레벨	톤	강도
(1~10)	(따뜻함 차가움 기타)	(순함 중간 강함)

수정시술

컬러 필러 사용여부 ______________ 트리트먼트 여부 ______________

염색부위

모발전체 __________ 재염색한 모발의 길이 ______ 명도 및 색상 __________

사용제품명 ______________ 시술방법 ______________

결과 ☐ 양호 ☐ 부족 ☐ 너무 밝음 ☐ 너무 어두움 ☐ 줄무늬

메모사항 : ______________________________

____

____

시술자	금액	날짜	시술자	금액

한다. 백모커버 시술과 멋내기 시술은 도포 순서를 다르게 하여야 한다. 백모커버는 백모량이 많은 부분부터 도포하고, 멋내기 염색은 뒷부분부터 염모제를 도포한다. 처음 멋내기 염색을 하는 경우는 모발의 끝을 먼저 도포한 후 두피 쪽으로 이동하여 도포한다. 신생모가 자라난 멋내기 염색의 경우는 두피부분에 도포 후 방치시간이 끝나기 5분전에 나머지를 도포한다.

(6) 마무리

제품에 따라 방치시간(약 30~45분)이 경과한 후 미온수를 살짝 묻혀 유화 마사지를 실행하고 컬러 전용 샴푸와 린스를 실시한다.

4) 헤어 컬러링시술의 주의사항

(1) 바울과 붓은 잔여물(전에 시술한 컬러링제 등)이 없는 깨끗한 것을 사용해야 한다.
(2) 도포시 염모제가 묻은 상태에서는 빗질을 하지 않아야 한다.
(3) 도포는 혼합이 된 직후 바로 시작하며, 납작한 붓으로 일정하고 빠르게 이루어져야 한다.
(4) 각 제조 회사의 가이드라인을 따라 혼합비율과 방치시간을 지킨다.
(5) 얼룩과 화상으로부터 손을 보호하기 위해 시술자는 반드시 장갑을 착용한다.
(6) 방치시간 동안 약액이 흐르지 않는지 고객의 안전을 살피며 특히 눈에 들어가지 않도록 주의한다.
(7) 눈썹과 속눈썹에는 사용을 금한다.

그림 11-10 염색시술 도구(보울, 브러쉬)

5) 모발의 탈색

모발의 탈색은 모발로부터 색소를 제거하는 것으로 시술하기 전에 원하는 색조가 무엇인지를 파악하는 것이 중요하다. 모발의 상태(손상도와 색상 등)에 따라 제품의 사용강도를 선택해야 하며 방치시간을 결정해야 한다. 어두운 모발을 가진 고객이 매우 옅은 색의 금발을 원한다면 탈색은 고객의 모발에 손상을 줄 수밖에 없다.

(1) 탈색제의 종류

탈색제에는 액체 형태, 크림 형태, 분말 형태가 있다. 액체(liquid)형태는 암모니아와 과산화수소가 혼합되어 제조된 것으로 흘러내리는 것에 주의해야 한다. 크림(cream)형태는 흐르거나 떨어지지 않아 사용하기 쉽고 컨디셔닝제를 포함하고 있다. 분말(powder)형태는 강한 탈색 작용과 함께 속도가 빠른 탈색제이다. 따라서 두피 가까이에 사용하지 않아야 한다.

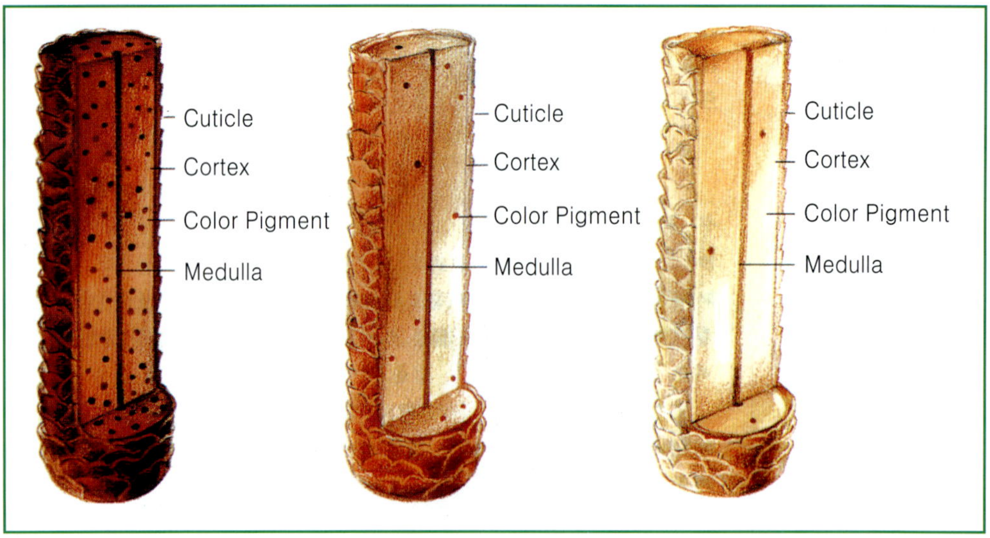

그림 11-11 탈색의 과정

(2) 탈색의 시술방법

① 탈색 전에 패치 테스트(patch test)와 스트랜드 테스트(strand test)를 실시한다. 이것은 진행 시간, 탈색 후의 모발의 상태 및 결과 등을 결정한다.
② 두피와 모발을 분석한 후 고객카드에 기록한다.
③ 고객 의복을 보호하기 위해 타올과 염색용 케이프(cape)를 두른다.
④ 모발을 블록킹하고 헤어라인과 귀 뒤에 보호 크림을 도포한다.
⑤ 탈색제는 배합한 후 즉시 사용해야 한다. 보통 뒷부분에서부터 탈색제를 도포하기 시작하며, 모발이 억세거나 특히 검게 보이는 부분이 있다면 그 부분에서부터 도포를 시작한다. 빨리 규칙적으로 움직이며 도포해야 한다. 절대로 모발에 빗을 사용하지 않는다.
⑥ 젖은 수건으로 머리카락의 탈색제를 닦아내어 탈색정도를 체크(strand test)한다. 원하는 색상이 나올 때까지 재도포하고 체크한 후 원하는 색상이면 탈색제를 제거한다.
⑦ 찬물로 전체를 헹구어 내고 산성 샴푸와 산성 린스로 부드럽게 헹구어 낸다.
⑧ 타올드라이를 충분히 한 후 차가운 바람으로 건조시킨다.

(3) 탈색 시술의 주의사항

① 고객의 옷을 보호하기 위하여 드레핑(draping)을 철저히 한다.
② 두피를 주의 깊게 살펴 손상이나 염증이 있을 경우 탈색제의 사용은 금한다.
③ 모발의 상태를 분석하고 필요한 트리트먼트를 시행한다.
④ 시술자는 반드시 보호 장갑을 착용해야 한다.
⑤ 탈색제를 제조사의 가이드라인에 따라 혼합하여 바로 사용한다.
⑥ 쓰고 남은 탈색제는 버린다.
⑦ 탈색제는 반드시 차가운 물과 부드러운 샴푸로 제거한다.

퍼머넌트 웨이브

기원전 3천년 경 고대 이집트인들이 나일강 유역에 있는 알칼리성 성분의 진흙을 모발에 바른 후 나무 봉에 감아 태양에 건조시켜서 모발에 웨이브를 만든 것이 퍼머넌트 웨이브의 시초이다. 그 후 미셀 그라또(Marcel Grateau)와 찰스 네슬러(Charles Nessler)를 거쳐 스피크먼(J.B.Speakman)에 의해 콜드 퍼머넌트(Cold permanent) 웨이브제가 개발되어 퍼머넌트 웨이브의 대중화를 촉진하였다. 국내에서는 1930년대에 '오엽주'가 화신백화점 내에 미용실을 개업하고 퍼머를 처음 시행하였는데, 당시 40와트 전기롤 20~26개를 머리에 말아 20~30분간 암모니아수 퍼머액을 스며들게 했다가 푸는 것이었다.

1. 퍼머넌트 웨이브의 정의와 종류

1) 퍼머넌트 웨이브의 정의

퍼머넌트 웨이브란 '영구적'을 의미하는 '퍼머넌트(permanent)'와 '물결'을 의미하는 '웨이브(wave)'가 합쳐진 것으로 자연적인 직모에 물리적, 화학적인 방법으로 모발의 구조나 형태를 변형하여 아름다운 모발의 물결을 오랫동안 간직할 수 있게 하는 것을 말한다. 펌제의 강약에 의해 퍼머넌트 웨이브의 상황은 달라지며, 같은 펌제를 사용해도 사용하는 양이나 작용시간, 작용하는 온도 등의 조건에 따라 웨이브의 모양도 달라진다. 중요한 것은 펌제가 모발에 어떻게 효과를 나타내며, 모발에 얼마만큼의 손상 등을 주는지 미리 파악하는 것이다.

2) 퍼머넌트 웨이브의 종류

(1) 1욕법

공기의 산소에 의한 자연산화를 이용한 방법으로 원 스텝 웨이브(one-step wave)라고도 한다. 1액만 사용하고 2액 대신 공기 중의 산소와 헹굼 시의 물속의 산소를 이용한다. 따라서 시간이 많이 소용도고 웨이브의 형성력은 약하다.

(2) 2욕법

1액과 2액을 사용하는 방법으로 현재 일반적인 방법이다.

기온 2욕법과 무거운 2욕법이 있으며 기온 2욕법은 1액의 티오글리콜산 농도와 알칼리의 pH가 상온보다 낮아 1액 도포 후 히팅 캡(heation cap) 등을 사용한 후 60℃ 이하로 가온한다. 2액은 가온하지 않는다. 무거운 2욕법은 일반적으로 콜드 2욕법을 말하며 가온하지 않는 방법이다.

1액은 환원제라 불리며 웨이브를 모발에 형성하는 역할을 하며 2액은 산화제(중화제)라고 하며 웨이브를 고정시키는 역할을 한다. 환원제로는 티오글리콜산(thioglycolic acid), 시스테인(cysteine)이 사용되며 퍼머넌트 용제의 기준에 따라 티오글리콜산염의 농도는 2~7%이며 1제의 pH는 4.5~9.6으로 정해져 있다. 환원력이 강하며 주로 건강 모발에 사용한다. 시스테인의 농도는 3.0~7.5%이며 1제의 pH는 8.0~9.5로 정해져 있다. 환원력이 약하며 손상 모발에 주로 사용한다.

산화제는 과산화수소(H_2O_2) 또는 브롬산나트륨($NaBrO_3$), 브롬산칼륨($KBrO_3$)으로 구성되며 산화력이 강한 과산화수소가 많이 사용되고 있다.

(3) 3욕법

3종류의 솔루션을 사용하는 것으로 1액은 두발을 팽윤연화시키기 위한 전용액을 말하며 2액은 환원제, 3액은 산화제의 역할을 한다. 주로 발수성 모발이나 웨이브형성이 어려운 모발에 탄력있는 웨이브를 얻기 위해 사용한다.

그림 12-1 퍼머넌트 웨이브제의 종류

2. 퍼머넌트 웨이브 시술의 방법

1) 퍼머넌트 웨이브의 시술

희망하는 스타일을 위한 사전 커트와 샴푸를 진행하고 건조모나 손상모인 경우에는 헤어 트리트먼트 제품(앰플, 크림 등)을 도포한다. 다공성 모발은 PPT를 바르고 발수성모는 특수활성제를 도포한 후 스티머(steamer)를 쐬여 약액의 침투를 도와준다.

(1) 두피 및 모발 진단(Hair Diagnosis)

두피나 헤어라인 주변을 세심하게 살펴보고 염증이나 상처의 유무를 체크한다. 모발의 손상 여부 및 모발 밀도 등을 정확히 파악하여 퍼머넌트 웨이브제 시술의 결과를 예상하고 보완점을 강구한다.

환원과 산화

- 환원작용 - 산소를 빼앗는 반응 또는 수소를 주는 화학반응을 말한다. 모발의 시스틴 결합을 절단시켜 시스테인으로 만드는 작용이다.
- 산화작용 - 산소와 화합하는 반응 또는 수소를 빼앗는 화학반응을 말한다. 1제에 의해 환원된 시스틴 결합을 원래대로 되돌리는 작용이다.

1. 1제의 환원작용

$$|-S-S-| + 2HSCH_2COOH \rightarrow |-SH\ \ HS-| + \begin{matrix} S-CH_2COOH \\ | \\ S-CH_2COOH \end{matrix}$$

2. 2제의 산화작용

$$|-SH\ \ HS-| + O \rightarrow |-S-S-| + H_2O$$

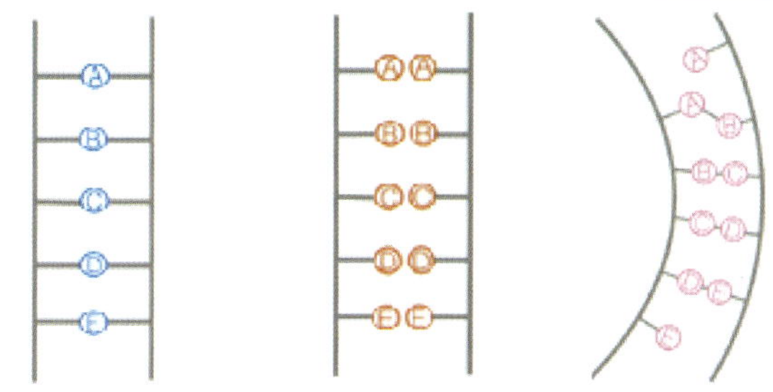

자연 상태　　1제의 작용(환원)　　2제의 작용(산화)

(2) 고객카드 작성

고객의 신상정보와 진단 내용 등을 빠짐없이 작성하고 펌 디자인을 결정하여 롯드 선정 등 작업과정을 기재한다.

(4) 1액 도포 후 와인딩(winding)

원하는 스타일에 맞게 블로킹(blocking)을 하고 1액을 도포한다. 꼬리빗으로 알맞은 모량을 빗질 한 후 엔드페이퍼(end paper)를 대고 롯드를 평행으로 말아 고무밴드로 고정한다. 두피에 가까운 고무밴드에는 스틱(stick)을 꽂아둔다. 완성된 롯드 위에 다시 균일하게 1액을 도포하고 비닐캡을 씌운다. 비닐캡은 체온을 유지하여 1액의 작용을 빠르게 도와주며 휘발성 알칼리의 휘발을 방지해준다.

(5) 프로세싱 타임(processing time)과 테스트 컬(test curl)

모발의 상태와 사용한 제품의 강도, 롯드, 온도 등에 따라 프로세싱 타임(작용시간)은 달라지며 스티머, 적외선 등을 사용해 촉진할 수 있다. 테스트 컬을 통해 웨이브의 형성정도를 체크한 후 미지근한 물로 플레인 린스(plain rinse) 처리를 한다.

(6) 2액 도포 후 롯드 오프(rod off)

2액으로 모발을 충분히 적셔 주고 모발 상태에 따라 5~15분간 작용시킨 후 원하는 웨이브가 확인되면 와인딩 된 롯드를 당김이 없도록 주의하며 제거한다.

(7) 마무리

펌 전용 샴푸와 린스를 사용하여 모발의 pH가 등전대가 되도록 처리한다.

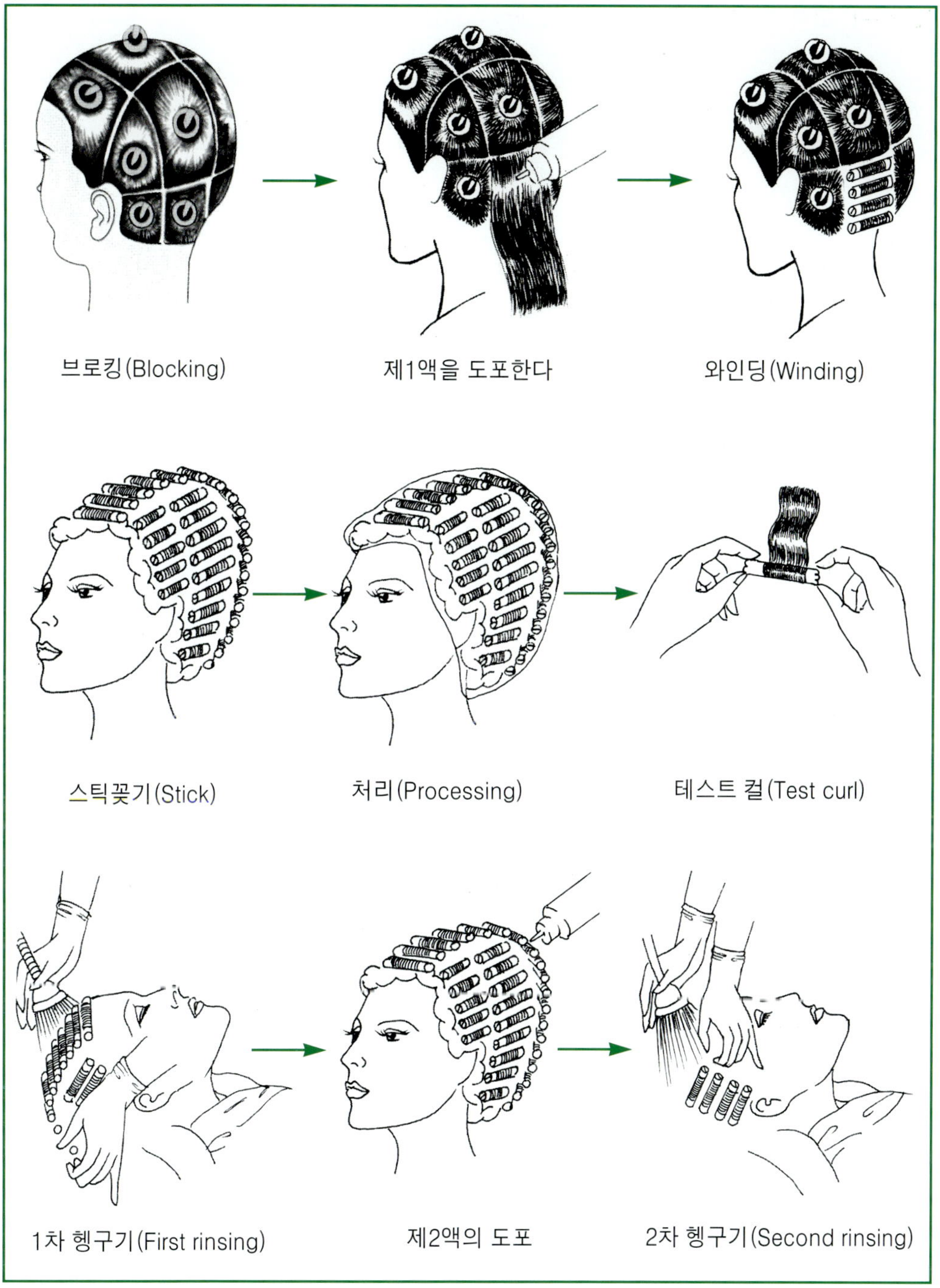

그림 12-2 퍼머넌트 웨이브의 시술과정

표 12-1 고객 펌 디자인 카드(perm design card)

이름 :		연락처 :		
주소 :				
헤어분류(description)				
길이(Length)	질감(Texture)	타입(Type)		흡습성(porosity)
☐ 짧다	☐ 굵다(coarse)	☐ 보통모(nomal)	☐ 손상모	☐ 약간
☐ 중간	☐ 보통(nomal)	☐ 발수성모	☐ 다공성모	☐ 거의 없음
☐ 길다	☐ 가늘다(fine)	☐ 염색모		
		☐ 블리치모(bleach)		
헤어상태(hair condition)				
☐건강		☐ 보통		☐ 손상
두피상태(scalp condition)				
☐ 민감성 (sensitive)	☐ 건성(dry)	☐ 정상(plain)	☐ 지성(oily)	☐ 비듬(dandruff)
기존의 염색 정도(tinted) :		펌종류 : ☐ 유화펌 ☐ 직열펌 ☐ 일반펌		
사용된 로드 크기(rod)				
사용된 펌 제(lotion)		웨이브 형태(type of perm), 스트레이트(straight)		
☐ 알칼리(alkali)		☐ 굵은 웨이브	☐ 곱슬모	
☐ 산성(acid)		☐ 가는 웨이브	☐ 일반 웨이브모	
결과 : ☐ 좋음 ☐ 강함 ☐ 느슨함 ☐ 보통 ☐ 기타				
날짜	사용제품		시술자	

2) 퍼머넌트 웨이브 시술의 주의사항

(1) 두피에 상처나 염증의 유무를 체크하고 시술에 들어간다.
(2) 얼굴·목 등에 용액이 묻었을 경우 물을 적신 탈지면이나 거즈로 닦아내고 눈에 들어갔을 때에는 바로 물로 씻어낸다.
(3) 손상모, 염색모, 탈색모에는 펌 작용시간을 짧게 하고 농도가 낮은 1액을 사용한다.
(4) 각 제조 회사의 가이드라인을 따라 시술하고 1액의 방치시간을 너무 오래하지 않도록 주의한다.
(5) 쓰다가 남은 용액은 다시 용기에 넣지 말고 밀폐해서 냉암소에 보관하며 빠른 시간 안에 사용한다.

3) 퍼머넌트 웨이브가 잘 나오지 않은 원인

(1) 선천적으로 모발의 저항력이 강하다.
(2) 과거 금속성 염모제로 시술한 경험이 있다.
(3) 사용한 1제가 산화된 용액이다.
(4) 모발의 손상이 크다.
(5) 프로세싱 타임(processing time)이 길다.
(6) 사용한 2제가 충분하지 않다.
(7) 비누나 칼슘이 많은 경수로 샴푸한다.

와인딩시 스트랜드의 각도

- 숱이 많지 않거나 두정부 부위에 강한 볼륨을 얻고자 할 때 - on base(스트랜드 각도 135° 이상)
- 후두부 부위에 보통의 볼륨을 얻고자 할 때 - half base(스트랜드 각도 90°)
- 숱이 많거나 후두부 목덜미 부위에 볼륨이 필요치 않을 때 - off base(스트랜드 각도 45°)

헤어커트

1. 헤어커트의 정의와 종류

1) 헤어커트의 정의

커트(cut)란 자르다, 베다, 잘라내다 등의 모발에 단차를 낸다는 의미로 헤어커트(hair cut)는 모발을 자를 수 있는 도구를 이용해서 모발의 소재를 자르는 행위로서 헤어스타일(hair style)을 결정하는 기초과정이다. 아름다운 헤어스타일(hair style)을 연출하기 위하여 가장 중요한 역할의 헤어커트는 모발의 길이나 형태의 표현, 라인의 표현, 양감의 표현, 질감의 표현 등의 헤어스타일에 변화를 주는 것이며, 단순하게 커트하는 것에 그치지 않고 전체적인 외적 특징(키 · 목선 · 얼굴)과 심미적 상태를 고려해서 다양한 테크닉을 정확히 적용하여 형태를 결정하고 고객의 아름다움을 향상시키는데 그 목적이 있다.

헤어커트(hair cut)에 주로 이용되는 도구는 레저(razor)와 가위(scissors), 클리퍼(clipper)가 있다.

레저(razor)로 커팅 시에는 모발을 적셔서(wet cut) 시술하고 가위(scissors)로 커트할 시에는 모발을 적셔서 행하는 경우(wet cut)와 모발을 적시지 않고 행하는 경우(dry cut)가 있다. 클리퍼(clipper cut)는 가위로 커트하는 싱글링 커트(singling cut)와 같은 효과가 있으며, 시술 후 물기와 모발을 닦아내고 오일처리를 해주어야 한다.

(1) 헤어커트 디자인의 개념

헤어 디자인은 미적 표현주의와 개성적인 미감표현으로서 조형적, 실용적 의미의 조건을 충족시킬 수 있는 디자인적 창조 활동이 포함된다. 헤어 디자인은 예술과 디자인의 속성을 포함하는 미용으로 부용예술(상대의 의사를 존중하며 디자이너의 예술적 감각을 살려 얼굴형과 모질 량을 고려한 정적예술로 미적표현의 예술이며, 일방적으로 반영된 조형 예술은 건축, 공예, 조각, 그림 등 자유예술성으로 큰 의미의 예술이다)로서 크게는 예술창작과 디자인표현의 부용예술 활동으로 구분된다. 디자인은 창조적 구성요소인 예술적, 과학적 개념을 포함하고 있다, 디자이너로서 균형 잡힌 시각을 갖기 위해서는 좌뇌와 우뇌를 모두 개발 시키는 것이 중요하다.

- 우뇌 : 미적, 예술적, 창조적, 시각적, 상상력
- 좌뇌 : 분석적, 기술적, 논리적, 언어적, 시간 지향적

(2) 헤어커트 디자인 요소

① 형태

형태는 구체적인 입체의 형체를 말하며 방향을 지니는 선의 결합으로 이루어지는 선은 점이 만들어낸 소산이다. 선에 따른 방향은 수평방향, 수직방향, 사선방향 등이다.

- 수평방향은 중력과 잘 조화 되는 것으로 정적이며 조용한 분위기를 나타낸다.
- 수직방향은 활동성을 내포하고 있고 평형과 균형을 암시하며 강한 모습을 나타낸다.
- 사선방향, 대각선 방향은 비바람처럼 변화적이며 역동적 방향성을 나타낸다.

② 질감

질감은 형태, 색과 더불어 디자인의 필수 요소로서 촉각과 시각으로 느낄 수 있는 모발의 표면 모습이다. 헤어커트 시에 표면질감은 매우 중요한 소재가 될 수 있다. 모발의 단차가 없고 무게감을 주는 매끄러운 질감과 모발의 테이퍼링으로 거칠게 노출되는 질감이 있다

③ 색채

색채는 가장 직접적인 표현요소이며 눈으로 보이는 모든 외양은 색의 밝기에 따라 나타난다. 형을 강조하는 기능을 가지고 있으며 물체에 빛이 반사 할 때 얻어지는 시각적 효과로 디자인에 강한 영향을 주며 색채는 생동감과 방향감에 대한 착각을 일으키게 하여 시선을 특정한 부분에 집중시키게 하며 시각적인 착시 효과를 주어 형태는 바뀌지 않아도 부피가 커 보이거나 작아 보이는 느낌을 받는다.

(3) 두상의 기본 포인트와 블로킹 라인

① 두상의 15point
② 블로킹 라인(blocking line)

2) 커트의 종류

헤어커트(hair cut)는 가위커트(scissors cut)와 레저(razor cut)이 있으며 가위로 헤어커트 하는 테크닉에는 브런트 커트(blunt cut)와 스트록 커트(strock cut)가 있으며 레저커트(razor cut)의 테이퍼링(tapering)으로 나눌 수 있다.

(1) 브런트 커트(blunt cut)

브런트 커트란 모발을 손으로 잡고 있는 부분을 직선으로 커트하는 방법으로 원랭스 커트, 그래쥬에이션 커트, 레이어 커트, 스퀘어 커트 등을 디자인하기 위해 이용되지만 부드러운 라인을 연출하기 위하여 세로(vertical) 섹션 또는 사선(bias) 섹션도 많이 쓰고 있다.

① 원랭스 커트(one length cut)

원랭스 커트란 동일 직선상의 단차가 0°인 스타일의 의미로 모발을 두피에서 자연스럽게 내린 상태에서 단차가 없이 0°의 선상에 맞춰 커트한다. 커트라인(out line)에 따라 평행 보브(straight bob) 커트, 스파니엘(spaniel) 커트, 이사도라(isadora) 커트 등의 스타일 있다.

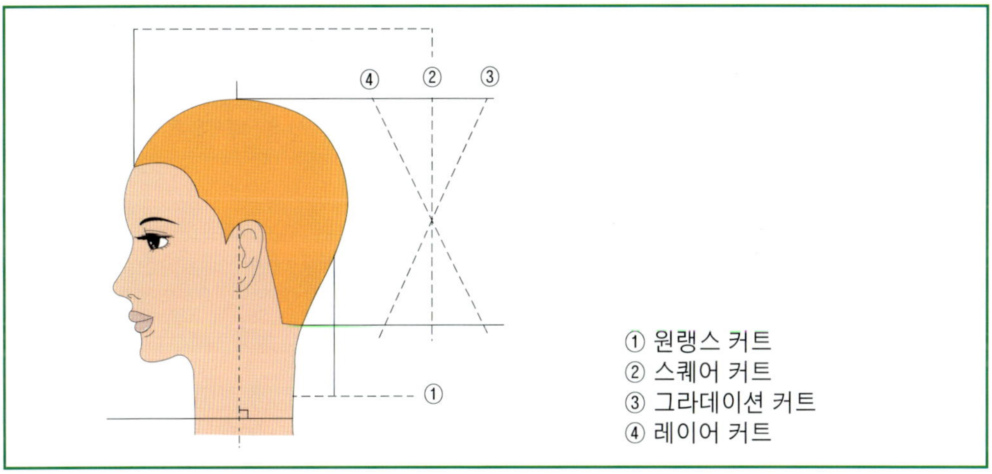

그림 13-1 브런트 커트의 형태

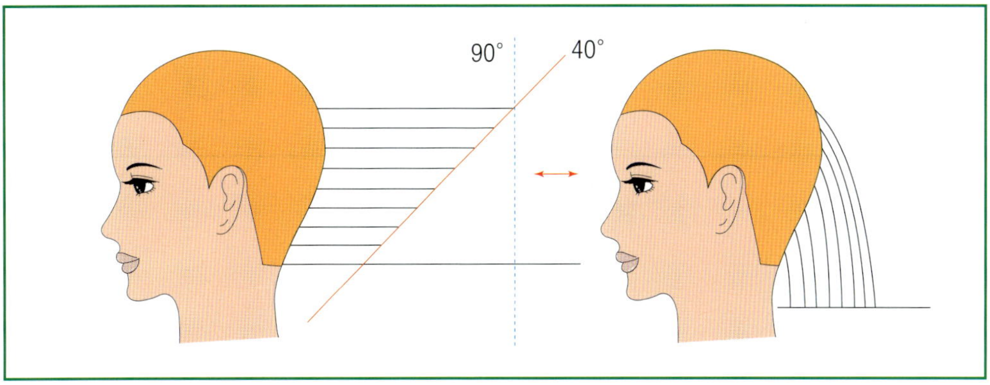

그림 13-2 원랭스 커트

② 그래쥬에이션 커트(graduation cut)

그래쥬에이션 커트란 층 단계의 의미로 약간의 단차를 주고 짧은 커트 스타일(cut style)을 형성하며 머리끝을 연결시켜주는 커트이며 탑(top)부분에서 네이프(nape)방향으로 길어져 네이프 부분의 길이는 짧고 탑 부분으로 갈수록 길어지는 커트(cut)로 모발의 길이에 좁은 단차가 형성된다.

③ 레이어 커트(layer cut)

레이어 커트란 단차가 많이 나면서 두상골격의 탑 포인트(top point) 모발이 짧고 네이프 포인트(nape point) 모발이 긴 머리에서 짧은 머리 스타일까지 폭넓게 응용된다.

네이프(nape)에서 탑(top)부분으로 갈수록 길이가 짧아지는 인크리스레이어(Increase layer cut)의 형태와 top 부분에서 nape쪽까지 길이 변화가 없이 동일한 유니폼 레이어(uniform layer cut) 형태가 있다.

④ 스퀘어 커트(square cut)

스퀘어 커트란 프론트(front)와 사이드(side)의 모발을 자연스럽게 연결되도록 할 때 사용되고 네이프(nape)나 프론트(front)에 볼륨을 주고 싶을 때 응용된다.

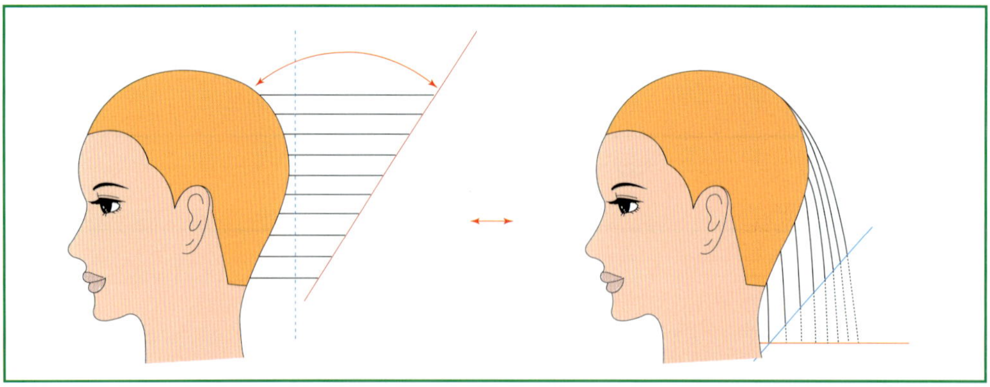

그림 13-3 그라쥬에이션 커트

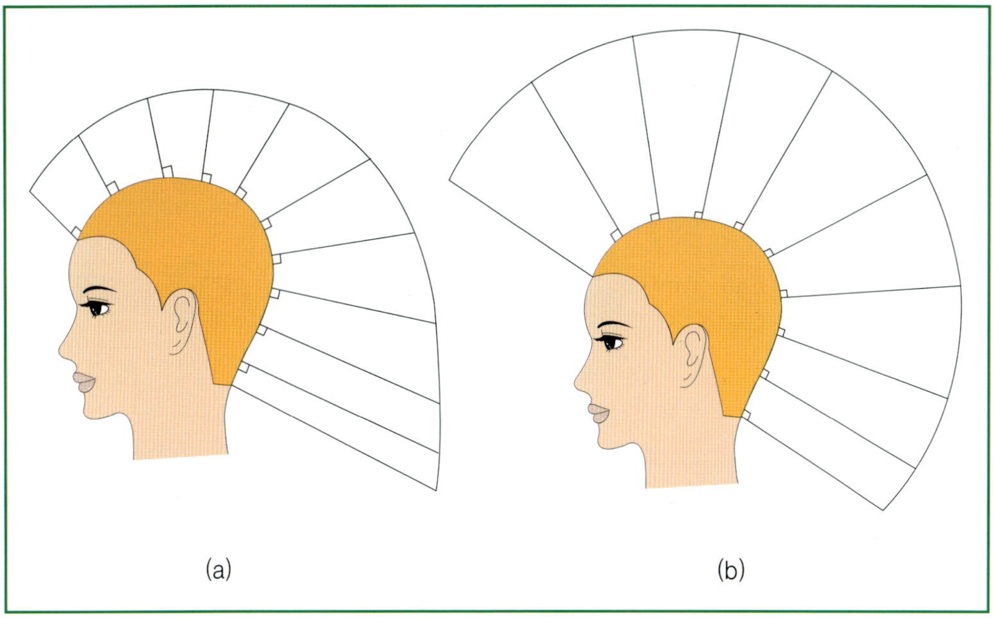

그림 13-4 인크리즈 레이어(a)와 유니폼 레이어(b)

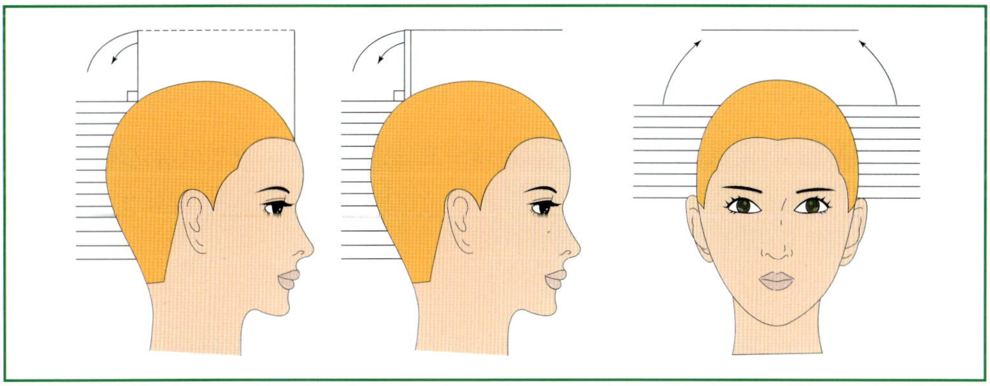

그림 13-5 스퀘어 커트

(2) 테이퍼링 커트(Tapering cut)

테이퍼링이란 모발의 양을 조절하기위해 머릿결의 흐름을 불규칙적으로 커트(cut)하는 과정을 말하며 모발의 길이를 자연스럽게 조절하며 모발 끝으로 갈수록 붓처럼 가늘어지게 하는 시술방법이다. 레저나 틴닝 가위로 시술하며 테이퍼링(Tapering) 상태에 따라 아래와 같이 나뉜다.

- 엔드 테이퍼링(End Tapering) : 스트랜드의 1/3이내, 모발 끝부분을 질감 처리하여 완성된 스타일의 선을 부드럽게 연출하는 효과가 있다.
- 노말 테이퍼링(Nomal Tapering) : 스트랜드의 1/2지점부터, 모발의 중간에서부터 질감 처리하여 완성된 스타일 전체의 흐름이 가벼워지는 느낌이다.
- 딥 테이퍼링(Deep Tapering) : 스트랜드의 2/3지점부터 모발의 안쪽에서부터 질감 처리를 시작하여 많은 양의 모발을 감소시키므로 매우 가벼워지는 효과가 연출 된다.

① 스트록(stroke)

Stroke(치다) cut란 가위나 레저를 사용하여 툭툭 치면서 커팅하는 기법의 하나이다. 모발을 커트하는 한 패널을 밀어주고 당길 때의 조작을 말하며 즉 테이퍼링 커트의 일종이며 이 기법은 모발의 이상적인 볼륨과 부드러운 라인의 길이와 양을 동시에 구하고 싶을 때 쓰는 방법이다. 쇼트 스트록(가위의 끝에서 시작), 미디움 스트록(가위의 중간부터 시작), 롱 스트록(가위의 뿌리부분부터 시작) 등 가위가 들어가는 각도는 가위를 잡고 있는 손의 흔들림이 많고 적고의 간격에 따라 방법이 다르며 무게감도 다르게 표현 된다.

② 나칭(notching)

커트(cut)후 모발 끝의 뭉툭한 느낌을 없애주고 모발이 잘린 단면이 45? 정도 각도를 유지하면서 지그재그의 작은 폭으로 자른다. 약간의 투박한 느낌을 갖지만 웨이브 모발에 효과적으로 자연스러운 느낌을 더해준다.

③ 슬리더링(slithering)

가위를 이용하여 모발을 틴닝하는 것처럼 모발 표면을 훑어 내는 듯이 모발 숱을 감소시키는 기법으로 모발 끝을 향해서 미끌어 지듯이 커트하는 방법이다.

④ 틴닝(thinning)

틴닝 가위를 사용하여 처음부터 장소를 정하고 모발 길이를 짧게 하지 않으면서 전체적으로 모발의 숱을 감소시키는 방법이다. 틴닝은 모발의 양이 많은 사람들에게 커트나 테이핑하기 전에 모발의 숱을 적당하게 조절하는 경우에 적용한다.

⑤ 싱글링(singling)

빗으로 모발의 각도를 잡고 가위를 대고 각도에 따라 위로 천천히 이동하면서 커트하는 기법이며 빗과 가위의 마찰이 섬세하게 이루어져야 한다.

⑥ 클리핑(clipping)

클리퍼나 가위를 사용하여 튀어 나온 모발이나 손상된 모발을 자르는 기법이며 모량이나 길이를 감소시키지 않는다.

2. 헤어커트 시술의 방법

헤어커트를 위해서는 먼저 정확한 커팅도구의 사용방법을 익혀야 하며, 커트 시에 사용되는 도구는 항상 청결히 관리하여야 한다.

1) 가위, 빗, 레저 잡는 방법

(1) 가위 잡는 방법

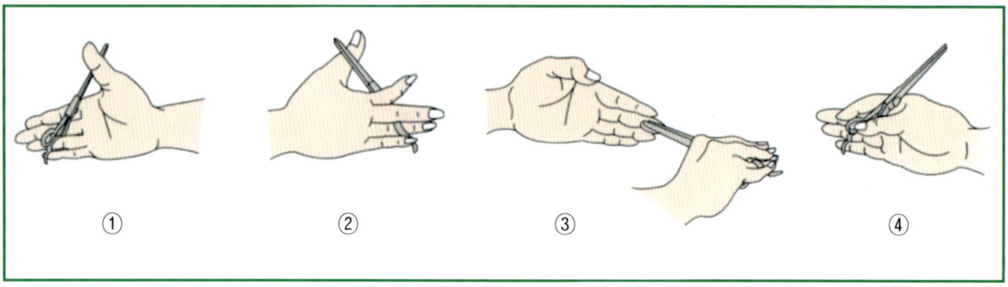

그림 13-6 가위 잡는 법

(2) 빗 잡는 방법

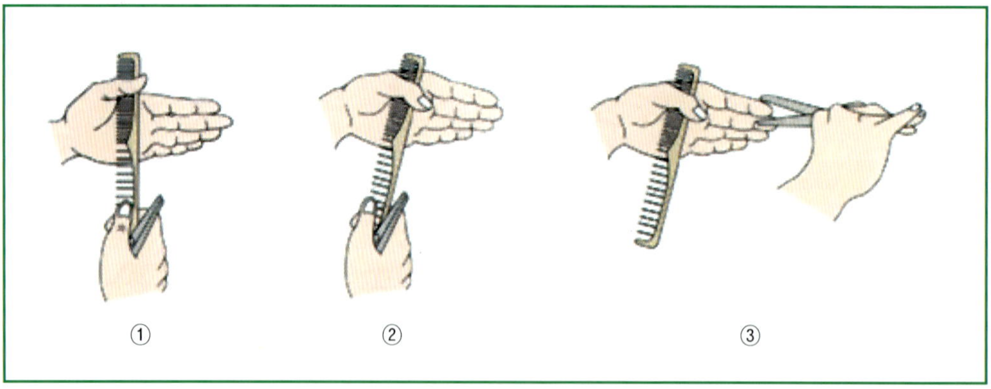

그림 13-7 빗 잡는 법

(3) 레저 잡는 방법

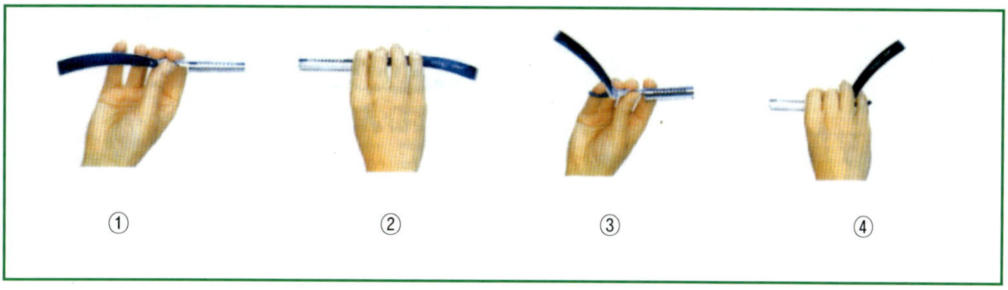

그림 13-8 레저 잡는 법

2) 헤어커트의 시술

헤어커트를 하기 위해선 적절한 커트도구의 선택이 중요하며 정확한 기법구사와 계획된 디자인이 필수적이다. 커트 시의 주의사항은 커트 전에 고려해야 할 사항과 본 작업 시인 커트 시에 주의할 사항으로 구분하여야 한다.

(1) 커트 전에 고려해야 할 사항

① 첫인상 파악

고객이 내점 시에 처음 대면하는 전체적인 분위기와 헤어스타일 등을 기억하고 고객이 헤어스타일을 바꾸길 원하는지, 현재 상태의 유지를 원하는지 고객의 입장에서 상담을 부드럽게 한다.

② 고객 사고에 의한 개성연출

고객의 라이프스타일을 먼저 파악하고 연령, 성격, 환경 등 전체적인 조화를 고려한다.

③ 신체구조 및 소재의 파악

두상구조 및 모발의 건강상태, 모량, 얼굴형, 목 라인, 신장 등 스타일 선정에 매우 중요한 요인이므로 세심한 진단이 필요하다.

④ 헤어스타일의 가능 유무

고객이 원하는 헤어스타일이 고객의 이미지와 어울리는지, 시술 또한 가능한지 불가능한지 고객의 희망사항을 신중하게 듣는다. 모발의 흐름이나 무게감, 방향성 등이 스타일 결정에서 중요한 요인이 된다.

(2) 커트 시의 주의사항

① 분무기를 사용하여 모발을 충분히 적시거나 샴푸를 한 후 커트를 진행한다.
② 이마, 옆선, 가르마, 네이프 라인(Nape line) 등 모발의 성장방향을 파악한다.
③ 두상형태, 모발의 결, 모발의 양, 모발방향의 흐름 등을 파악하고 블로킹을 한다.
④ 시술을 용이하게 하기 위해 더 작은 부분으로 파팅 한다.
⑤ 올바른 가위나 레저로 시술을 하여야하며 잘못된 도구나 조작은 모발 손상이 된다.
⑥ 원하는 헤어스타일에 따라 가이드(guide)길이를 어느 선까지 자를 것인지 결정한다.
⑦ 두부의 골격, 구조와 형태를 파악하고 볼륨이나 낮춤으로 보정한다.
⑧ 슬라이스의 선에서 빗을 넣어 패널이 가지런하게 균일한 텐션(tension)으로 커트한다.
⑨ 계획한 스타일에 맞는 시술 각을 사용하여 커트한다.
⑩ 커트 시 수분을 골고루 유지하여야 한다.
⑪ 젖은 상태의 커트 시 말랐을 때의 길이, 형태, 방향 등 다소 변화를 예상하고 커트한다.
⑫ 모발이 어디로 떨어져 내려오는가를 확인하고 빗으로 잘라진 모발을 빗어낸다.
⑬ 표현하는 다자인에 따라 길이, 양, 모질 등을 틴닝 가위나 레저를 병용하여 연출한다.
⑭ 전체 커트 완성 후 잘못된 부분이 있는지 체크커트 한다.
⑮ 두상에 남아있는 모발을 제거하기 위해 샴푸시술을 한다.
⑯ 스타일이 완성되면 필요에 따라 스타일링 제품을 사용하여 마무리한다.

블로우 드라이 및 베이직 업 스타일

1. 블로우 드라이의 개념과 기법

1) 블로우 드라이의 개념

Blow는 "바람이 불다"는 뜻으로 젖은 모발을 블로우 드라이의 열풍으로 헤어스타일을 만드는 것을 말하며 모발의 특성인 수소이온결합을 이용한 것으로 열과 바람을 이용하여 젖은 모발을 빠른 시간 내에 건조시켜 원하는 헤어스타일을 연출 하며 드라이의 열풍을 이용해 손으로 모류의 방향과 볼륨감, 윤기를 최대 표현할 수 있는 장점 있으며 롤과 브러쉬를 이용한다면 원하는 웨이브까지 헤어스타일을 최종적으로 아름답게 연출할 수 있다. 블로우 드라이에서는 기본적인 cutting이 중요하며 커딩 스타일에 따라 다양한 기법과 흐름을 추구할 수 있다. 드라이를 하려면 먼저 모발의 성질과 손상정도, 모발의 길이, 웨이브의 정도 등을 고려해야 한다. 또한 적당한 수분을 모발에 공급해야 하고 롤 브러쉬 종류와 온도, 텐션 등의 조건에 따라 드라이 효과는 달라진다.

(1) 블로우 드라이의 원리

모발이 물에 젖으면 모발 내에 측쇄결합 중 수소결합이 일시적으로 끊어지게 되고, 모발이 마르면 다시 재결합이 이루어진다(탄소 50%, 산소 22%, 질소 17%, 수소 6%, 유황 5%). 모발의 결합이 약해진 틈을 이용해 열과 바람으로 수분을 증발시키며, 재결합이 이루어지기 전에 롤과 브러쉬를 이용해 모발을 다양한 형태로 건조시켜 원하는 디자인이 형성되며 재결합이 이루어지게 된다. 이 원리를 이용해서 커트, 펌, 컬러 등 헤어스타일 형태를 다양하게 연출할 수 있다. 또 다른 디자인을 형성시키기 위해서는 반드시 모발에 적당한 수분을 골고루 공급해주는 상태에서 시술해야 한다.

(2) 블로우 드라이의 기본 방법

① 먼저 샴푸를 하고 난 후, 타올로 모발의 물기를 충분히 닦아 낸다.
② 블로우 전처리 제를 모발에 골고루 도포한다.
③ 드라이어의 바람은 패널이 향한 쪽에서 시술자 앞쪽으로 향하도록 한다.
④ 드라이어의 입구와 브러시의 면은 평행을 유지하도록 한다.

(3) 블로우 드라이의 스타일 기법

① 스트레이트

브러쉬를 패널 안쪽에 넣고 곧바로 직선으로 내려온다. 모근에서부터 텐션을 주며 스트레이트가 되도록 만든다.

② 볼륨 만들기

볼륨을 주고자 하는 부분의 스트랜드 밑으로 롤 브러시를 두피쪽에 넣어 1/4 정도 회전시킨 후 열풍을 앞뒤로 쬐어준다. 어느 정도 식은 후 브러쉬를 가볍게 들면서 펴나간다.

③ 볼륨 낮추기

볼륨을 낮출 때에는 롤 브러시보다 S자 브러쉬를 사용하는데 두피에 빗살이 닿을 정도로 빗으면서 방향에 따라 열풍을 준다.

④ 컬링 만들기

모발을 롤 브러시에 감은 상태에서 열풍을 앞뒤로 준 후 어느 정도 식으면 브러시를 둥글리면서 빼낸다. 컬의 형태를 유지하기 위해서 판을 이용할 수 있다.

⑤ 모발의 방향 만들기

모발의 안쪽에 브러시를 넣고 회전시키면서 패널을 떠올리고 서서히 되돌려 놓는다. 흐름을 바꿀 때는 꺾이는 지점에서 브러시를 바깥쪽으로 조금씩 회전시켜서 브러시의 등으로 커브선을 나타내도록 텐션을 준다. 이 상태에서 손목을 돌려 브러시를 당기고 방향을 꺾어 모발의 흐름을 만든다.

(4) 블로우 드라이 시술시 주의사항

① 모발은 미리 깨끗이 샴푸한다. 때나 먼지, 이물질 제거하고 모류방향을 열풍으로 잡아준다.
② 모발의 수분의 양은 10~20% 상태에서 시술한다.

③ 모발에 수분이 너무 많으면 열풍을 가할 때 수분에 열이 전달되어 모발에 손상된다.

④ 장시간 열을 가할 때 정전기가 일어나며 모발의 윤기를 잃게 된다.

⑤ 두상부위에 따라 달라짐 C컬을 어떤 방향으로 빼느냐에 따라 웨이브의 흐름이 다르다.

⑥ 시술시 항상 고객과 대화를 통해 원하는 헤어스타일을 연출해야 한다.

⑦ 모발에 드라이의 열풍이 직접 닿는 것을 주의하며. 브러쉬를 0.5~1cm 간격에서 시술한다.

⑧ 브러쉬에 모발이 엉키지 않도록 주의하며 무리한 텐션을 가하지 않도록 한다.

⑨ 고객의 모발이 당기거나 뜯기지 않도록 주의한다.

⑩ 고객의 두피 특히 귀 주위 드라이 시 너무 바람이 뜨겁지 않도록 배려한다.

⑪ 어깨선과 브러쉬가 수평으로 시술하고 동작을 확실하게 하여 고객의 신뢰를 얻어야 한다.

⑫ 스타일링 제품을 잘 선택하여 연출해야 한다.

골드 브러쉬

핫 컬링 브러쉬

2. 베이직 업 스타일의 개념과 기법

1) 베이직 업 스타일의 개념

up style은 올리는 형태의 머리모양을 만드는 것으로 긴 모발이나 중간기장의 모발 등을 묶거나 핀으로 고정하여 연출할 수 있다. 일자형의 단발보다는 층이 있는 레이어형이 업스타일을 하기에 용이하며, 약간의 웨이브가 있는 모발이 생머리 보다 핀 고정이나 웨이브 흐름을 표현하기에 훨씬 용이하다. 업스타일은 블로우 드라이, 전기 세팅기기, 아이론 등에 의해 웨이브를 구하거나 또는 물리적인 영향을 주지 않는 상태에서 밴드와 핀 등으로 두상의 어느 부분에서 형을 이룰 수 있도록 고정하는 것이라고 정의할 수 있다. 또 업스타일은 아주 특수한 기능으로 인식되어 디자인의 아름다움을 향상시키기도 하며 필요하다면 액세서리의 사용도 이루어질 수 있기 때문에 업스타일은 종합적인 헤어 디자인이라고 해도 무방하다

우리민족은 예를 중요시하여 혼례식과 명절, 그리고 가족 등의 특별한 행사시에는 의상과 함께 업스타일을 해야만 하는 때가 있다. 업스타일이 모든 이미지 표현방법 중에서 가장 우아하고 아름다운 스타일이기도 하지만, 무엇보다 최고의 스타일로 자신을 치장하려는 욕구에서부터 그 본질을 찾을 수 있을 것이다. 업스타일은 한정적인 시간과 공간에서 활용하는 업스타일이기는 하지만, 그때마다 최고의 스타일이 연출되기를 소비고객은 원하고 있다. 그래서 많은 디자인 방법을 숙지하고 있어야만 하지만 업스타일은 모든 디자이너가 가볍게 생각할 수 있는 상황은 아니다, 선과 면의 구현이 동시에 가능한 모발을 소재로 한 창작의 표현으로 무안하다고 볼 수 있다.

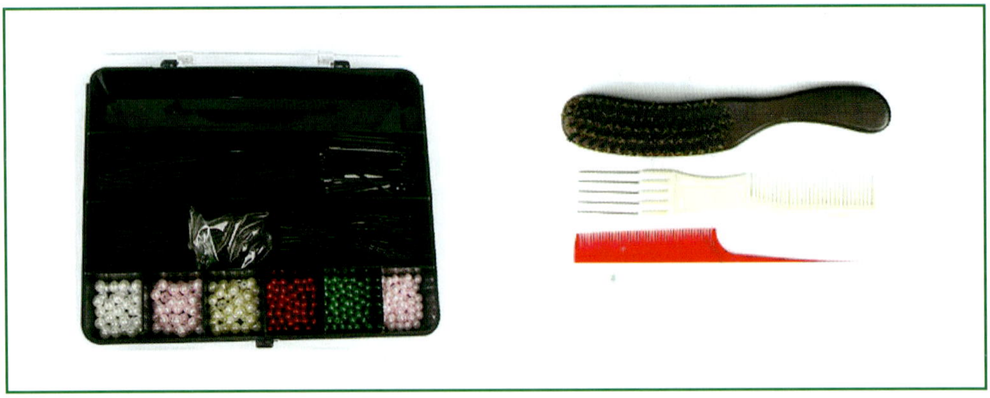

그림 14-1 업스타일 셋트

2) 베이직 업스타일의 원리

(1) 균형

헤어디자인에서의 형태, 질감, 색채, 위치, 방향 등으로 얻어진다. 우리는 감각적으로 균형을 구성하고 있지만, 때로는 단조롭고 정지한 느낌을 깨트리기 위해 의도적으로 불균형을 구성할 때도 있다. 균형은 대조적이며 반대되는 요소들과 상호 작용하는 요소들 사이의 평형 상태를 말한다.

(2) 비례

비율, 분할을 뜻하는 것으로 부분과 부분 또는 부분과 전체와의 수량적 관계가 분할될 때 좋은 비례가 형성되며 이것을 황금비라 한다. 디자인에 있어서 전체 형태와 부분 형태간의 양적인 비교를 포함하는 원리다

(3) 리듬

리듬은 하나의 단위가 규칙적으로 반복될 때 가장 단순한 질서가 형성되며 되풀이 되는 단위의 비례나 균형에 복잡한 변화를 가지면 매우 다채로워 진다. 업스타일 디자인 있어서 리듬은 선, 형태, 질감, 색 또한 밝고 어두운 패턴과 공간적 간격 등으로 이루어진 패턴이다.

(4) 통일

형태의 구성 원리 중 가장 핵심이 되는 요소로서 형태의 균형, 비례, 리듬, 강조가 어떻게 구성되었느냐에 따라 얻게 된다. 통일성은 헤어디자인에 있어서의 한 요소를 반복함으로써 얻어질 수 있으며 너무 통일에만 치우치다 보면 단조로울 수 있으므로 적절한 조치가 필요하다.

(5) 강조

강조는 어떤 주변 조건에 따라 특정한 부분을 강하게 변화를 주는 요소로서 순응에 반대하는 지배이다. 업스타일에서 강조를 표현하는 방법에는 첫째, 디자인 요소나 반복에 의해 얻어지는 경우와 둘째, 디자인 요소의 대조를 통해 얻어지는 경우가 있다.

(6) 조화

조화는 심미적이고 감각적인 면에서 측정될 수 있는 부분으로서 모든 디자인 형식의 기초임과 동시에 이를 총괄하는 구성 원리이다. 부분의 상호관계에 대한 내적 가치 판단으로서 그들이 서로 분리되어 배척하지 않고 통일된 전체로서 높은 감각적 효과를 발휘할 때 일어나는 현상이다.

(7) 대비

대비는 디자인을 구성하는 요소들 사이에 반대되는 성질을 배치시켜 긴장감을 자아내거나 극적인 효과를 얻는 것이다. 업스타일에서 대비의 유형은 형태의 대비, 크기의 대비, 색채의 대비, 질감의 대비, 방향의 대비, 위치의 대비, 공간의 대비, 중량감의 대비 등으로 분류된다.

3) 베이직 업스타일의 디자인 기법

기초 업스타일을 연출하기 위해서는 디자인에 원칙에서 출발하는 것이 가장 아름답고 조화가 이루어진 업스타일을 연출할 수 있는 기초가 된다. 업스타일에 기본디자인 요소는 크게 고리, 말기, 꼬기, 매듭, 겹치기, 땋기, 시뇽 등으로 구분된다.

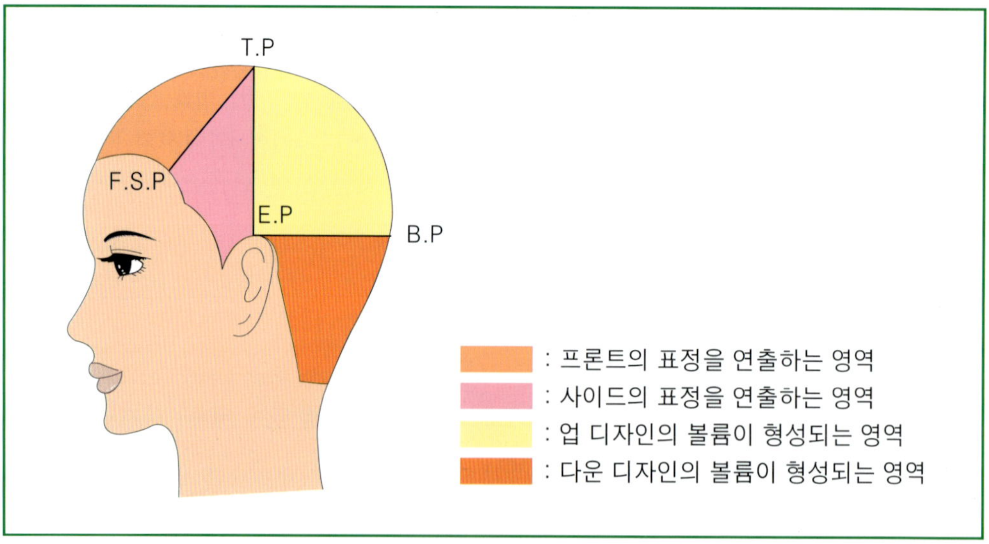

그림 14-2 업스타일 기본 브로킹

(1) 고리

모발가닥으로 곡선 모양이나 고리를 만들려면 손가락 위치로 원의 크기를 결정하여 디자인에 있어서 고리 형성이 많으면 디자인이 복잡하게 형성이 된다.

(2) 말기

원통형, 반달형이나 원뿔형의 모양들이 있으며 어느 방향에서든 디자인의 연출이 가능하다. 머리가닥을 쌓아 놓은 것처럼 보이지만 모발의 성질을 제대로 파악하고 롱 머리는 간격을 크게 잡으면 말기형태가 불안정하게 나타나 볼륨감에 탄력이 약해 아름다운 헤어스타일을 연출하기가 곤란하다.

(3) 꼬기

모발을 탄탄하게 꼬아 두피 쪽으로 붙여주는 기법이다. 꼬기는 밧줄과 같은 모양을 내기 위해서 한 가닥, 두 가닥의 모발이 말려 있거나 회전하는 기법이며, 꼬기의 위치와 모발의 양, 텐션의 강도에 따라 많은 변화를 줄 수 있다

(4) 매듭

모발 한 가닥, 혹은 여러 개를 함께 묶거나 엮는 기법으로 매듭의 크기는 다양하게 변할 수 있으며, 가닥의 중간이나 끝 부분에서 만들 수도 있고 이들의 혼합 활용으로도 다양한 표현을 할 수 있다. 한 가닥으로 시술하든 또는 헤어 전체의 디자인을 구성하든 매듭은 디자인 내에서 하나의 구성 요소로 활용할 수 있다.

(5) 겹치기

두 개의 머리 가닥을 서로 반대쪽 가닥 위로 겹쳐서 십자 겹침 효과를 얻는 것으로, 센터에서 두 개의 작은 가닥으로 시작해서 왼쪽을 오른쪽 가닥 위로, 다시 오른쪽을 왼쪽 가닥 위로 겹치는 과정을 반복해 준다.

(6) 땋기

땋기의 기초는 세 가닥 땋기이며 이는 모발을 세 가닥으로 나누어 오른쪽 가닥이 가운데 가닥으로 겹쳐지고, 왼쪽 가닥이 앞쪽의 겹쳐진 가닥 사이로 들어가서 이 동작이 반복 되면 땋기가 완성된다. 땋기는 땋는 가닥수에 따라 두 가닥 땋기, 세 가닥, 네 가닥, 다섯 가닥 땋기 등으로 나누어 볼 수 있고, 땋는 순서로 아래로 땋기와 위로 땋기로 나눌 수 있다.

(7) 시뇽

모발 끝자락 한 내지 몇 개로 묶어 헤어스타일을 표현시켜 행사업스타일에 작품대회 사용되는데 일반적으로 시뇽이라고 한다. 시뇽 기법은 골든 포인트 묶기, 백 포인트와 탑 포인트의 조합, 톱 포인트 묶기 등 다양 하게 활용된다.

4) 베이직 업스타일 시술의 실제

(1) 시술시 깨끗한 모발이나 샴푸 후 시술을 시작해야 한다.
(2) 업스타일 연출을 위해 셋팅 작업을 한다. 이때 모발의 끝이 꺾이지 않도록 주의한다.
(3) 업스타일에 맞는 두상의 점과 선을 살려 다양한 형태의 업스타일에 접근할 수 있다.
(4) 두상의 형태나 원하는 모양의 업스타일 위해 모발다발의 묶을 위치를 선택한다. 너무 헐렁하지 않도록 주의하고 모발을 묶는다.
(5) 볼륨감을 주고자 할 때는 백코밍 각도를 90~135°로 하고, 가벼운 원형감을 주고자 할 때는 60~90°, 자연스럽게 양감을 연출할 때는 45° 이하로 모발의 디자인을 자유로이 하기 위해 백코밍을 실시한다.
(6) 업스타일의 볼륨감과 입체감을 높이기 위해 보조머리(싱)를 만들어 필요한 부위에 사용할 수 있다.
(7) 원하는 형태로 스타일을 고정하기 위해 핀 꽂기는 필수적이다. 직선고정, 겹치기고정, 십자형고정 갈매기고정 등의 핀 고정 방법을 적절히 사용한다.
(8) 표면을 정리하거나 라인을 고정시킬 때, 디자인된 스타일이 흩어지지 않도록 헤어스프레이를 활용한다.

얼굴형에 따른 헤어 디자인

뛰어난 미용인은 다양한 디자인을 창안할 수 있어야 하며 단지 아름다운 헤어스타일만이 아닌 체형, 얼굴모양, 목선, 코, 눈 등 그 사람이 가지고 있는 형태에 따른 전체의 조화가 중요하다. 기준은 이마에서 눈썹까지 1/3, 눈썹에서 코끝까지 1/3, 코끝에서 턱끝까지 1/3세로가 가로의 약 1.5배이며 이마가 턱보다 약간 넓고, 얼굴전체의 길이가 3등분이 고루 분포되어 있다. 고객의 아름다운 부분은 강조학고 결점은 가려주어 어울리는 스타일을 완성하도록 하여야 한다.

1) 표준형 얼굴

표준형 얼굴은 다른 얼굴들을 수정할 때 기준으로 하는 달걀형으로 세로의 길이가 가로의 1.5배이며 이마보다 턱이 약간 좁은 것이 특징이다. 어떠한 디자인도 어울리는 형으로서 얼굴 윤곽을 그대로 나타내는 것이 좋다.

그림 15-1 표준형 얼굴과 헤어디자인

2) 둥근형 얼굴

둥근형 즉 원형으로 머리앞부분의 모발이 난 언저리와 턱 선이 눈에 띄게 둥근형이다.

헤어 파트는 센터나 노 파트가 효과적이며 한쪽의 뱅을 이용하고 탑 부분에 볼륨을 주어 길어 보이도록 한다.

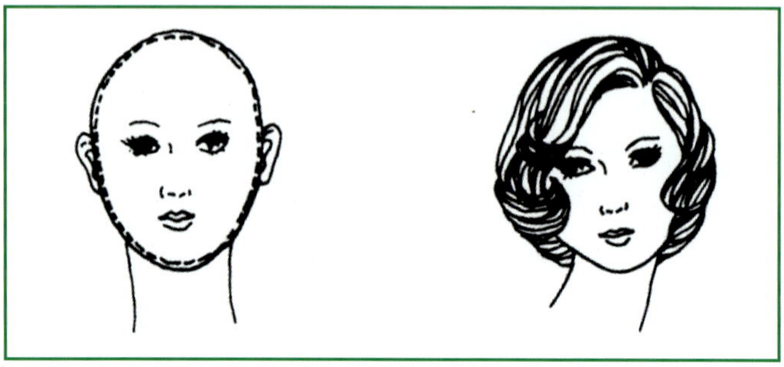

그림 15-2 둥근형 얼굴과 헤어디자인

3) 장방형 얼굴

얼굴의 세로 길이에 비해 가로 폭이 좁은 형태로 둥근형과 반대로 생각하면 된다. 헤어파트는 양 사이드 부분을 넓게 보이게 하고 탑 부분은 낮게 하여 사이드에 양감을 가지게 한다. 이마에는 웨이브 뱅을 하고 관자놀이에서 턱을 향해서도 웨이브로 볼륨을 주도록 한다.

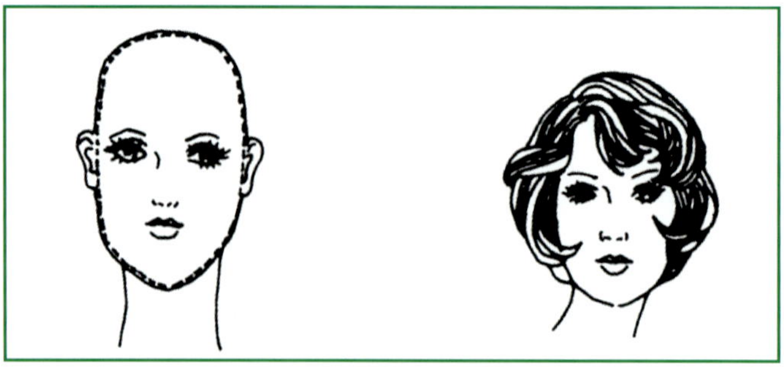

그림 15-3 장방형 얼굴과 헤어디자인

4) 정사각형 얼굴

남성적인 얼굴형으로 헤어파트는 라운드 사이드 파트를 하고 웨이브 뱅을 해서 얼굴의 모난 느낌을 감추고 될 수 있는 한 곡선적인 인상을 나타내도록 탑 부분의 머리형을 높게 하고 한쪽만 가볍게 귀를 감추게 한다. 또한 가로 폭을 좁게 보이게 하는 것도 효과적이다.

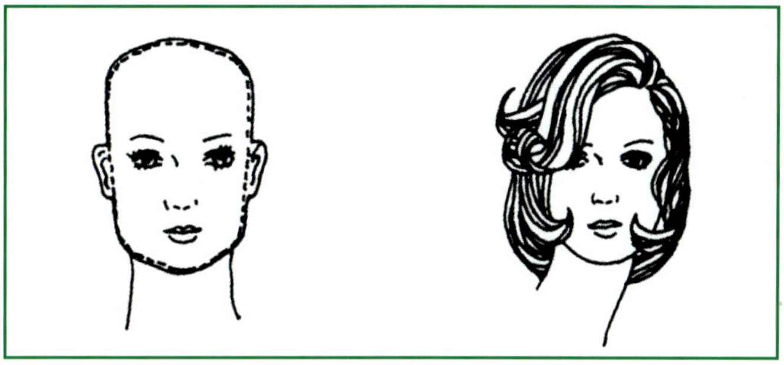

그림 15-4 정사각형 얼굴과 헤어디자인

5) 삼각형 얼굴

이마가 좁고 턱이 넓어 보이는 얼굴형으로 대부분 관자놀이 부분이 들어가 있어 좁아 보이므로 넓고 강조된 턱 선은 강조되지 않도록 볼륨을 최소화 한다. 헤어파트는 다운 다이에고널 파트(down diagonal part)를 하고 좁은 이마를 감추기 위해 볼륨 뱅을 만든다. 옆선을 강조하기 위해 업스타일 형태가 좋다.

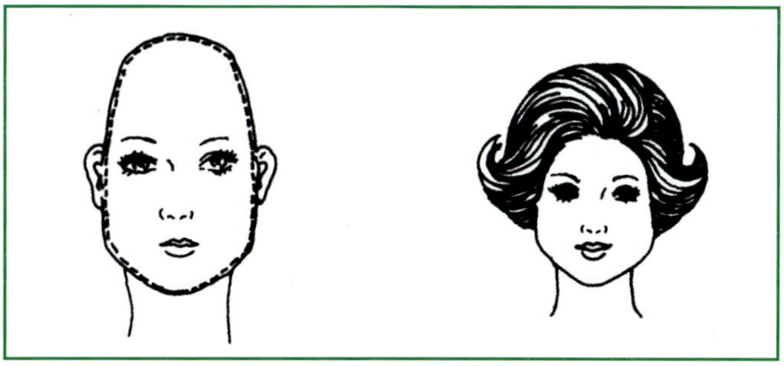

그림 15-5 삼각형 얼굴과 헤어디자인

6) 역삼각형

이마가 넓어 보이고 턱 선이 좁은 얼굴형이다. 좁은 턱 선의 이미지는 다소 야위어 보일 수 있으며 날카로운 분위기를 준다. 헤어파트는 삼각형 얼굴과 반대로 크라운을 좁아보이게 약간 센터에 접근해서 헤어파팅을 하도록 한다. 탑에는 약간의 볼륨만 주고 가벼운 뱅으로 이마를 좁게 하며 사이드는 양볼 윗부분을 가능한 볼륨을 주지 말며, 아래 부분에 양감 및 볼륨을 강조 하는게 효과적이다.

그림 15-6 역삼각형 얼굴과 헤어디자인

7) 마름모형 얼굴

다이아몬드 형태처럼 양쪽 볼 부분이 부풀어져 있고 이마와 턱 부분이 좁은 얼굴형 이다. 윗부분과 아래 부분을 넓게 보이게 하는 것이 포인트로 사이드는 부드러운 웨이브를 만들어주고 목덜미부분은 턱선 아래를 향하여 흐르는 듯 컬을 만들어 준다.

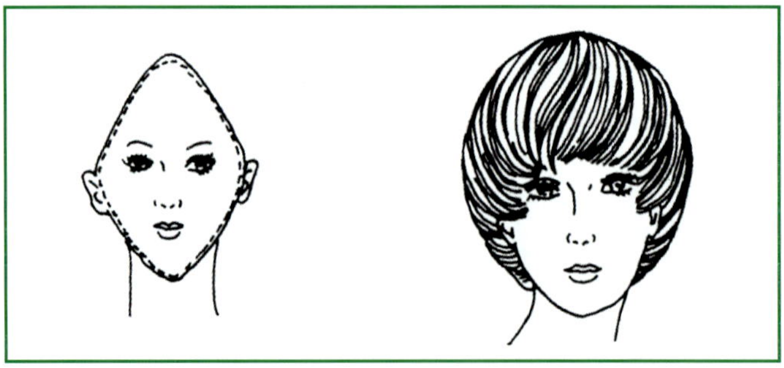

그림 15-7 마름모형 얼굴과 헤어디자인

4편

메이크업(MAKE-UP)

미용색채

색은 고유의 의미를 가지고 있으며 설득력을 가지고 있다. 감성에 호소하는 효과적인 커뮤니케이션의 대표적인 형태이기도 하다. 색 감정은 주관적인 것임에도 불구하고 보편적으로 가지는 공통된 이미지가 있으므로 미용에서 색채 활용은 실로 효과가 크다고 할 수 있다. 또한 서로 다른 의미의 색들이 어우러졌을 때는 비슷한 이미지, 혹은 상반된 이미지를 갖는 등 새로운 이미지를 가질 수도 있다. 배색을 어떻게 하느냐에 따라 다른 이미지로 지각될 수 있는 것이고 색상에 의해, 명도에 의해, 채도에 의해 배색할 수 있다.

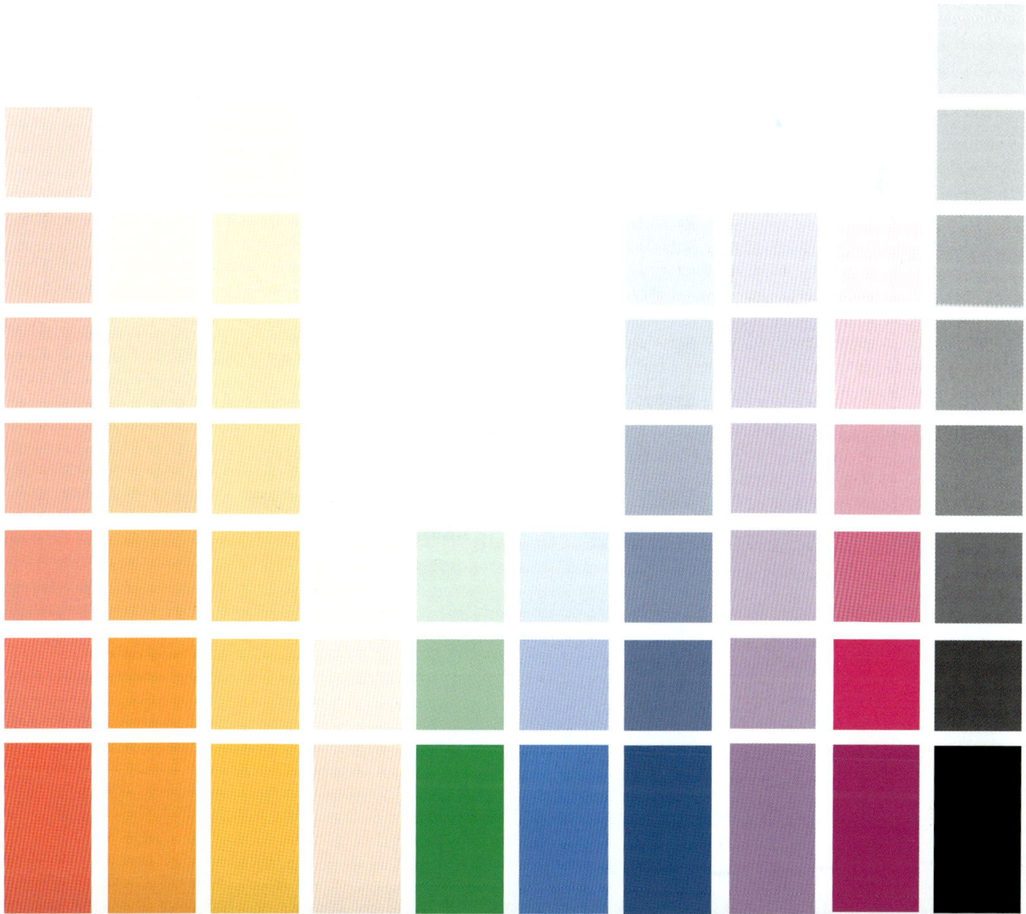

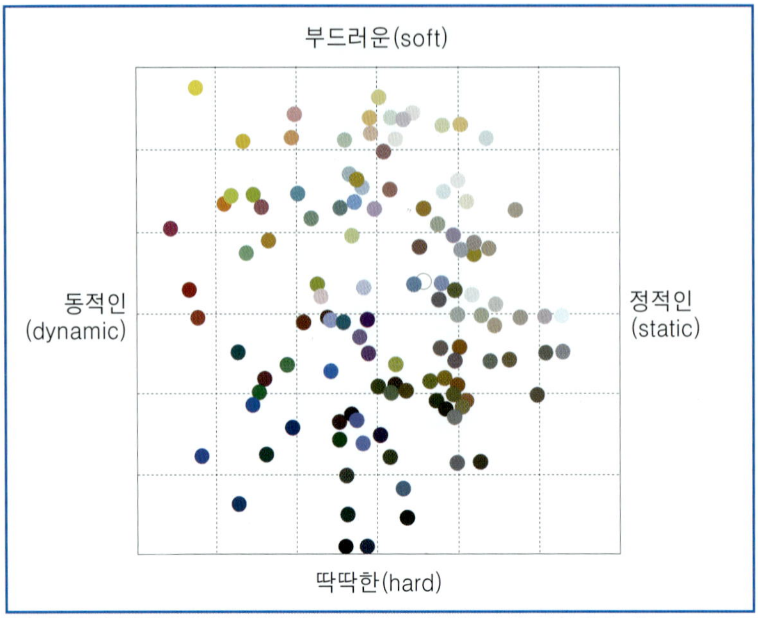

그림 16-1 단색이미지 공간

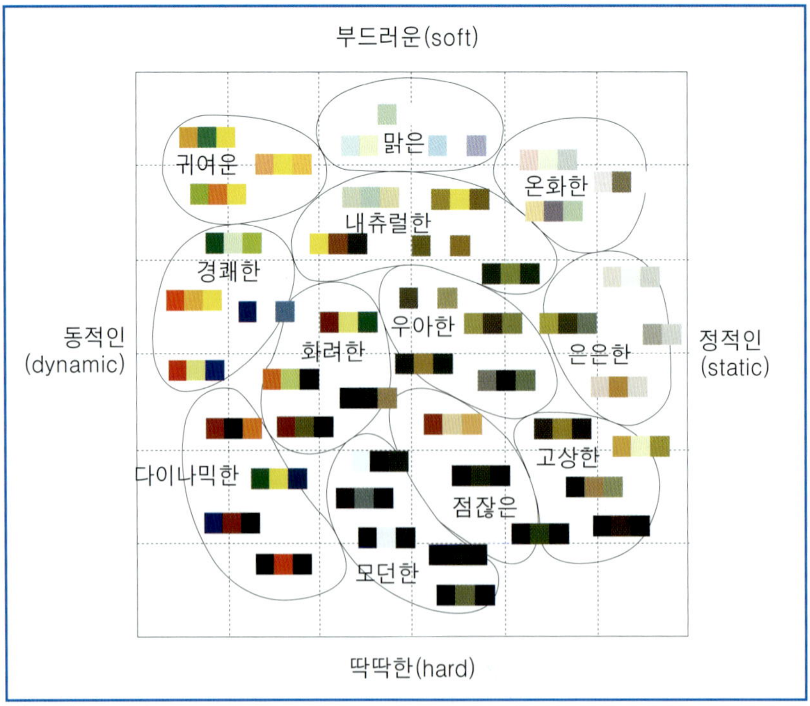

그림 16-2 배색이미지 공간

1. 미용디자인

디자인은 인간생활의 목적에 알맞고, 실용적이며, 미적인 조형을 계획하고 그를 실현하는 과정과 그에 따른 결과를 말하며 미용디자인은 개인의 미적욕구를 만족시키고 사회활동에 도움이 되어야 하며 보건 위생상 안전해야 하고 제한된 시간 내에 완성해야 하며 유행을 고려해야 한다.

1) 배색기법

배색(配色)은 색을 섞는 것이 아니라 두 가지 이상의 색을 서로 위치시키거나 배치시키는 것을 말한다. 배색의 조화에는 목적과 주제에 맞는 이미지를 합리적으로 얻기 위한 것이다.

- 기조색(Base Color) : 색채조화에서 가장 중심이 되는 색
- 주조색(Dominent Color) : 색, 형태, 질감 등에 공통되는 조건을 조정하여 전체에 통일감을 주는 원리의 색이다

* 주조색, 보조색, 강조색 : 주조색은 면적의 약 70%를 차지하며 보조색은 20~30%, 강조색은 5~10%를 차지하여 시각적인 강조나 면의 미적효과를 위해 사용한다.

(1) 분리(Separation)효과에 의한 배색

두 가지 혹은 여러 가지의 배색으로 그 관계가 애매하거나 대비가 강한 경우에 세퍼레이션 컬러를 삽입함으로써 조화를 도모한다.

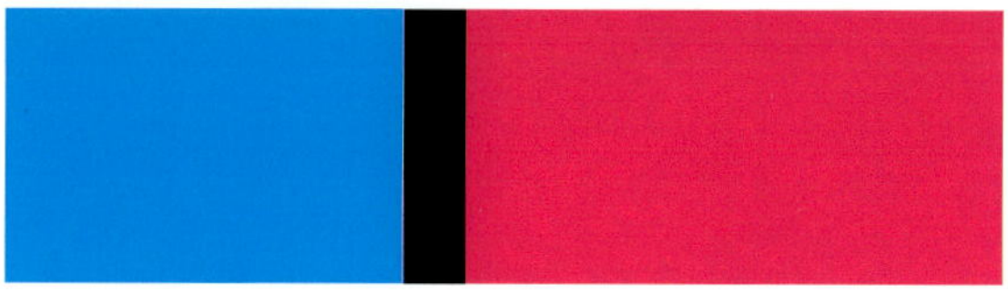

(2) 강조(Accent) 효과에 의한 배색

단조로운 배색에 대조적인 색을 소량 첨가함으로써 배색에 초점을 두어 전체의 상태를 돋보이게 하기 위해 이용하는 기법이다.

(3) 그라데이션(Gradation) 효과에 의한 배색

그라데이션(Gradation)이란 '차츰 변화하는 것', '단계적 변화'를 의미하는 말로서 색채, 색조의 변형으로 농담법이라는 의미도 있다. 색채가 조화되는 배열에 따라 시각적인 유목감을 주는 것을 그라데이션 효과라고 하며, 3색 이상의 다색 배색에 이와 같은 효과가 나타난 배색을 그라데이션 효과에 의한 배색이라고 한다.

2. 퍼스널컬러(Personal color)

사람은 누구나 고유의 컬러를 가지고 있으며 좋아하는 컬러가 다르다. 피부, 눈동자, 머리카락의 컬러가 모두 다르므로 어울리는 컬러도 다를 수 밖에 없다. 그러므로 개개인마다 어울리는 컬러가 제각기 다른 것이다.

4계절 컬러는 자연과 계절을 사람과 비교 분석하여 어울리는 컬러를 분리한 것이다. 사람의 머리색, 피부색, 눈동자색이 반드시 자연과 연결된다고 주장하면서 색상분석이 시작되었는데 컬러이미지 연출은 기후, 환경, 계절, 문화에 다라 보여지는 색상이 다르며 사람에 따라 어울리는 색상과 어울리지 않는 색상이 같은 색상이라도 톤에 따라 다르게 나타난다. 피부의 기초 3색인 멜라닌색소(갈색), 케로틴색소(노란색), 헤모글로빈색소(붉은색)과 자연환경, 기후, 계절에 따라 보여지는 색상을 계절색상과 분석하여 찬 색(cool 톤), 따뜻한 색(warm 톤)으로 분리시켰다.

표 16-1 4계절 색상과 피부톤 분류 요인

	WARM(따뜻한 톤)	COOL(차가운 톤)	
봄	**색상분류** 명도 – light(밝음) 톤 – soft(부드러움) 채도– clear(선명함)	**색상분류** 명도 – light(밝음) 톤 – soft(부드러움) 채도 – mute(흐림)	여름
	피부 yellow + 엷은 피부	피부 white + 붉은 빛	
	특징 피치빛의 홍초(복숭아빛) 맑고 투명함, 피부가 얇아 잡티가 많음	**특징** 여름철 자외선 노출시 붉어졌다 원상태로 옴. 흐릿한 이미지	
가을	**색상분류** 명도 – deep(깊은) 톤 – hard(딱딱함) 채도 – mute(흐림)	**색상분류** 명도 – deep(깊은) 톤 – hard(딱딱함) 채도 – clear(선명함)	겨울
	피부 gold + 두꺼운 피부	피부 white + 푸른빛	
	특징 봄보다 짙고 윤기가 없음, 햇볕에 잘 타며 혈색이 없음	**특징** 창백한 느낌, 콘트라스트가 강한 이미지	

컬러진단을 통해 본인의 컬러를 찾게 되면 얼굴도 밝아보이고 눈동자도 생기있어 보이며 젊어보이게 된다. 더불어 자신감이 생기며 모든 옷을 자유롭게 연출하며 충동구매 등이 없어진다. 반대로 본인에게 어울리지 않는 컬러는 얼굴도 칙칙해 보이고 어두워보이게 된다. 그러므로 자신에게 어울리는 컬러를 진단하여 헤어, 메이크업, 의상 등 감각적인 연출이 필요한 분야에서 훌륭한 연출을 할 수 있다.

퍼스널컬러를 진단하는 방법은 화장을 하지 않는 맨 얼굴로 자연광 아래에서 흰 천으로 머리와 의상색을 가려준다. 피부색이 찬 색인가 따뜻한 색인가를 구분하는데 구분방법은 피부바탕색, 눈동자색, 두피색상, 머리카락 색상, 손목 안쪽, 뒷목 밑의 피부색상을 보면서 푸른빛인지 노르스름한 빛인지를 먼저 구분한다, 푸른빛과 흰빛이 나타나면 찬 색 계열이며 노르스름한 빛이 나타나면 따뜻한 계열이다. 그리고 계절색상별 천을 얼굴 아래에 가져다 놓고 얼굴색의 변화를 천천히 관찰한다. 그러나 컨디션이 좋지 않을 때는 시행하지 않는 것이 좋다.

(1) 헤어컬러

- 봄 유형 : 밝은 색의 이미지를 주는 금발, 샴페인 색, 갈색 등
- 여름 유형 : 밝은 회색을 띤 블론드, 쥐색을 띠는 블론드, 가지색 금발 등
- 가을 유형 : 황금 블론드, 담갈색, 스트로우베리 등의 따뜻한 느낌의 갈색
- 겨울 유형 : 블루를 띤 검정색, 회색을 띤 갈색, 블루를 띤 자주색 등

봄 여름 가을 겨울

(2) 피부톤

피부의 색은 혈관 속의 헤모글로빈, 표피 기저층의 멜라닌 색소, 유극층의 카로틴의 양에 의해 결정된다.

- 봄 유형 : 밝은 갈색톤이거나 희고 투명한 톤이므로 화운데이션은 라이트브라이트, 옐로우 베이지, 피치베이지, 내츄럴베이지 등이 좋다.
- 여름 유형 : 붉거나 창백한 피부톤이 많으므로 화운데이션은 쿨베이지, 핑크베이지, 로즈 베이지, 내츄럴베이지 등의 컬러를 사용하는 것이 좋다.

- 가을 유형 : 따뜻하고 부드러우며 윤기가 없으므로 화운데이션은 차분한 베이지 계열이나 산호계열로 자연스럽게 표현한다.
- 겨울 유형 : 푸른색의 차가운 톤이거나 맑고 투명하므로 화운데이션은 페일베이지, 핑크베이지, 쿨베이지, 로즈베이지 등의 화운데이션이 좋다.

(3) 메이크업

메이크업에 있어 색채학의 개념은 매우 중요하며 활용도가 매우 높다. 헤어 컬러, 피부색, 의상색 등과의 조화를 통해 자신의 이미지를 연출한다. 메이크업의 표현요소는 색, 형, 질감으로써 색의 조화와 균형, 부분과 전체와의 균형을 꾀하도록 한다.

- 봄 유형 : 아이보리, 피치핑크, 오렌지, 산호색, 피치, 베이지, 골드, 그린 계열
- 여름 유형 : 파스텔톤의 연핑크 계열, 연그레이, 청회색, 청블루, 보라계열, 펄 종류
- 가을 유형 : 오렌지계열, 브라운계열, 그린계열, 아이보리계열, 연베이지계열, 라이트엘로우
- 겨울 유형 : 청보라, 와인, 퍼플계열, 블랙 등

(4) 립컬러

립스틱의 색상은 색조에 따라 이미지가 많이 달라지므로 피부색과 아이섀도우색상에 조화롭게 어울리는 색을 선택하는 것이 좋다.

메이크업의 의의

1. 메이크업의 정의

메이크업(Make up)은 페인팅(Painting), 토일렛(Toilet), 드레싱(Dressing), 마끼아쥬(佛. maquiallage) 등의 뜻을 지녔으며 영국의 희곡작가인 셰익스피어는 그의 희곡에서 분장의 뜻을 지닌 페인팅(painting)이란 용어를 처음 사용한 것으로 알려져 있고, 17세기 영국의 시인인 리챠드 크러쉬는 "메이크업(Make up)이란 여성의 매력을 최대한 높여주는 행위"라고 칭송하며 최초로 '메이크업(Make up)'이라는 용어를 사용하였다. 그리고 20세기 헐리우드 영화산업의 번영기 때 맥스 팩터(Max Factor)사가 '메이크업(Make up)'이란 용어를 대중화시켰다.

우리나라에서는 가화(假花), 가식(假飾)으로 '거짓 꾸밈'이라고 하였으며 고유 어휘로는 담장(淡粧), 농장(濃粧), 염장(淡粧), 응장(凝粧), 야용(冶容), 성장(盛粧)으로 가꾸는 행위와 가꿈의 정도에 따라 표현이 달랐다.

메이크업의 우리나라의 사전적 의미로는 화장품을 바르고 매만져 곱게 꾸미는 행위로 신체의 아름다운 부분은 돋보이도록 하고 약점이나 추한 부분은 수정하거나 위장하는 수단을 말한다. 메이크업의 가장 중요한 목적은 자신의 결점을 커버하고 장점을 부각시키는 것으로 각자의 개성을 강조하고 새로운 이미지 창출하는 데에 있다.

메이크업의 기능은 크게 세 가지로 분류한다.

① 물리적 기능 : 제품으로 인한 외형적인 미화 효과와 변화(미적욕구 충족)

② 사회적 기능 : 사회적 관습이나 예의, 신분이나 직업 등

③ 심리적 기능 : 사고방식이나 가치 추구의 방향을 표현

메이크업을 함으로써 메이크업 하는 것 자체에 대한 즐거움과 타인으로 하여금 긍적적인 평가를 높이는 효과를 얻을 수 있으며 마음의 건강으로 인간관계에서 적극적으로 자신을 표현하고 충실한 삶을 살 수 있게 하는 효과를 얻을 수 있다.

2. 메이크업의 기원

인류가 시작되면서부터 인간의 아름다움에 대한 갈망은 시작되었다. 고대 기록을 살펴보면 아름다움을 가꾸고 유지하려는 노력은 끊임없이 진화되어 왔다고 알려져 있다. 그러므로 메이크업은 인류의 역사 만큼이나 오래되었고 시대의 사회문화적 배경과 가치관까지 포함하는 방대한 역사를 가지고 있고 시대상을 살펴보는 주요한 매개체가 되고 있어 현대에 있어 문화인류사를 연구하는 대상으로 중요한 가치를 지니고 있다.

메이크업의 기원은 크게 네 가지로 구분할 수 있다. 보호설, 이성유인설, 신분표시설, 장식설 등이 있다.

- **보호설**은 자연으로부터의 위험, 적의 위협으로부터 자신의 몸을 보호하기 위해 의상과 신체에 장식을 시작하였다는 설이다.
- **이성유인설**은 인간은 본래 미를 추구하는 본능이 있으며 이성에게 성적매력을 느끼게 하거나 자신의 매력을 나타내고자 하는 자존감에서 출발하여 자신을 표현하는 도구로서 화장을 시작하였다고 보는 설이다.

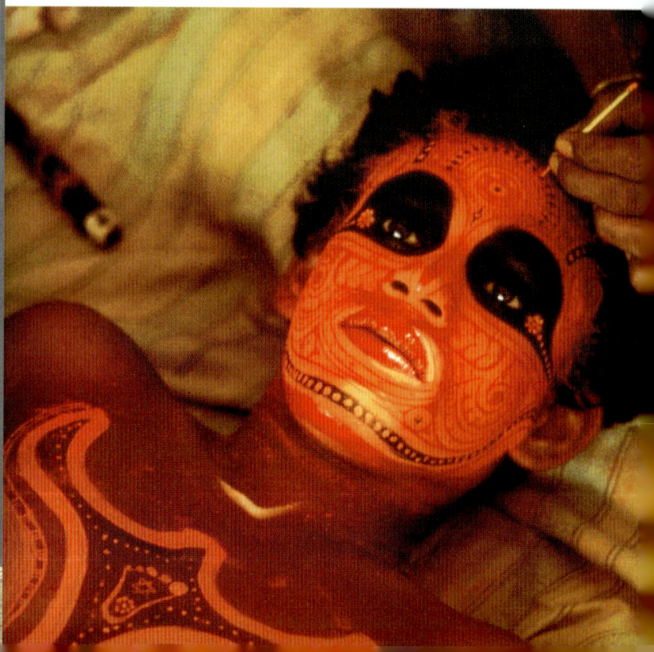

- **신분표시설**은 종족, 신분, 성별, 혼인여부, 자신이 속한 집단의 우월성을 알리기 위한 표시수단으로서 메이크업이 생겨났다는 학설이다.
- **장식설**은 옷을 입기 전의 원시상태에 자연의 영향으로 피부에 꽃, 동물 문양을 그려넣거나 조각, 문신 등을 넣어 피부에 남겼는데 이를 메이크업의 시초라고 보는 설이다.

그 밖에도 주술적, 종교적 행위로서 색상을 사용하거나 향을 부여하는 등의 원시적인 행태로써 메이크업이 발달하였다는 설도 있다.

메이크업의 역사

1. 서양

1) 1930년 대

세계적 경제 공황으로 인한 경제적 이유로 인해 색조 화장이 배제된 자연스런 화장법이 유행하였다. 또한 영화가 보급됨에 따라 일반인들은 배우를 동경하며 그들에게서 위안을 찾게되면서 배우들의 화장법을 따라하는 등 모방형태의 화장법이 크게 유행되었다. 대표적인 배우 그레타가르보 처럼 눈썹은 원래의 눈썹을 뽑고 활 모양의 짙고 가느다란 눈썹을 그렸으며, 입술은 작고 붉게 그렸다. 또한 피부를 희고 창백하게 표현하고 붉은색으로 볼 화장을 강조하였다. 약간의 아이섀도우를 부분적으로 사용하였고, 검정이나 진한 갈색 아이라인으로 눈을 선명하게 표현하였다.

진 할로우

그레타 가르보

2) 1940년 대

2차 세계대전 중이었던 1940년 대는 생필품 등 물자 부족이 심화되어 화장산업 또한 침체되었다. 1940년 대 후반부터는 여성의 직업활동이 활발해짐에 따라 화장문화 역시 활발해지게 되고 보다 다양해진 화장품이 판매되었으며, 립스틱과 매니큐어가 대중화되었다.

피부색은 창백하게 표현하고, 눈가에 갈색이나 그린 색상의 아이섀도를 바르고, 검정이나 갈색 아이라인으로 눈을 강조했다. 눈썹은 눈 끝을 좀 더 높게 활처럼 그리고, 입술은 원래의 입술보다 크게 그렸으며, 긴 인조 속눈썹으로 여성스러움을 강조했다. 립은 자연스럽고 볼륨감있는 입술이 유행하였다.

크리스찬 디올의 뉴룩, 1947

베로니카 레이크

3) 1950년 대

컬러 TV의 등장으로 인해 메이크업에 있어 컬러가 매우 중요시되었다. 또한 헐리우드 영향으로 영화배우들의 화장법이 더욱 대중화되어 눈화장이 매우 성행하였고 매우 밝은 눈화장을 선호하였으며, 대표적인 여배우 오드리헵번이나 마릴린 먼로처럼 눈썹은 원래의 눈썹을 뽑고 두껍고 진하게 그렸으며, 속눈썹을 사용하였다. 아이라인은 눈 바깥쪽으로 연장하였고 눈꼬리 부분이 위로 향하게 그렸다. 윗입술은 좁고 가늘게 그려 날카롭게 표현했으며, 아랫입술은 육감적으로 보이도록 도톰하고 붉게 그렸다.

마릴린 먼로

오드리 햅번

4) 1960년 대

젊음이 강조되었던 60년 대는 새롭고 독특한 청년문화인 '히피문화(Hippie)'의 전성기로서 기존의 질서를 무너뜨리고 새로운 양식을 창조하는 전환점을 마련하였다. 화장법에도 영향을 받아 다양하고 실험적이며 전위적인 메이크업의 형태도 나타났다. 당시 대표적인 모델 트위기의 화장기법이 크게 유행되었는데 인형같은 얼굴과 가녀린 몸매는 그 시대의 여성들에게 있어 우상시되었다. 동그랗게 뺨을 강조하고 속눈썹을 짙게 붙여 눈을 커보이게 하며 입술은 흐리게 발랐다.

5) 1970년 대

이 시기는 '펑크(punk, 시시한 사람, 불량소년, 소녀, 풋내기)'라는 반(反)문화적인 성격의 퇴폐적인 하위문화가 발생했던 시기로 성숙하고 적극적인 직업을 가진 현대의 여성들의 이미지가 부각되었다. 눈 화장은 기존의 정형화된 눈화장에서 벗어나 눈가를 검게 하거나 농도짙은 마스카라로 눈매를 풍성하게 표현하기도 하였다. 입술은 둥글게 표현하고 내츄럴한 브라운 립컬러에 글로스로 표현하고 파격적인 검정 컬러가 등장하기도 하였다.

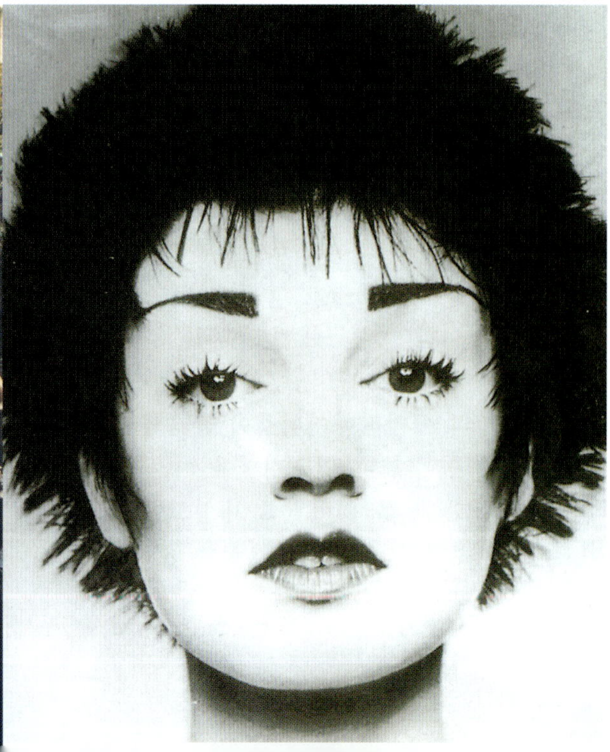

6) 1980년 대

이 시기는 메이크업 전반에 걸쳐 컬러가 강세를 이루었다. 화장은 피부의 질감을 살리기 위해 투명 화장을 주로 하였다. 여성들도 남성처럼 눈썹을 진하게 그리고, 자연스러운 느낌으로 가볍게 화장함으로써 중성적인 이미지를 표현하려 했다. 또한 대중매체의 영향으로 여러 형태의 스타일이 공존하였으며, 유행의 속도가 매우 빨랐다. 그러나 80년 대 후반에 접어들면서 색조에 관한 관심은 무뎌지고, 피부 관리에 더 많은 관심을 갖게 되었다.

브룩쉴즈(위),
소피마르소(아래)

7) 1990년 대

과학과 의학 등의 발달로 노화지연 등의 기능적 화장품이 개발되었다. 대중매체의 발달과 함께, 개인마다 자신의 개성을 나타내기 위해 여러가지 표현 양식이 공존하는 다양한 스타일의 화장을 하였다. 일반적인 화장의 경향은 눈썹과 입술은 강조하고 아이섀도우는 약하게 표현하였다. 눈썹은 가늘고 강하게 강조하고, 입술은 매트한 색상의 보라색이나 갈색을 선호하였다.

2. 우리나라

1) 개화기 이후의 메이크업

강화도 조약(1876년)체결 후, 우리나라에 신식 메이크업 테크닉과 화장법이 도입되었다. 수입화장품은 주로 크림, 백분, 비누, 향수 등이었는데 포장과 품질이 우수하여 여성들로부터 대단한 인기를 끌었다. 하얀 얼굴에 이마의 잔털을 제거하고 박가분(朴家粉, 일제강점기인 1920년에 상표 등록하여 판매한 공산품으로 제작·판매된 한국 최초의 화장품)을 물에 개어서 하얗게 발랐다. 그 후 오엽주가 새로운 메이크업 테크닉과 바니싱 크림 등의 신식 화장품을 소개하였고 입술연지를 아랫입술에만 빨갛게 바르고 눈썹을 초승달 모양으로 그리는 화장법을 유행시키기도 하였다.

2) 1940년 대

현대식 화장법이 도입된 것은 1940년 대 직후이다. 화장 기법은 얼굴을 희게 하고 눈썹은 반달 모양, 볼연지와 붉은 입술을 하는 것이다. 해방 후의 화장 기법은 번들거리고 마스카라와 아이라인으로 강조한 눈 등 부분 화장에 포인트를 주는 것이다.

3) 1950년 대

이 시기에는 수입 화장품, 밀수 화장품, PX 유출품의 범람이 가속되다가 1956년 처음으로 프랑스 '코디(CODI)社'와 기술 제휴로 신제품을 개발하면서 코디분이 국산화되어 품질을 혁신했고, 1960년대로 들어오면서 화장품 시장은 성숙기를 맞이하게 된다. 영화 '산업 전성기로'의 오드리 햅번 등 영화 스타의 모방이 헤어, 화장, 복식에 유행했다.

4) 1960년 대

정부의 국산 화장품 보호정책에 따라 화장품 산업은 발전하였으며 색조화장품을 생산했다. 부자연스러운 백색분 화장에서 자연스런 피부표현으로 바뀌고, 기초 화장을 중심으로 한 피부표현에 역점을 두고 수정 화장이 더해져 세련된 느낌을 주긴 했으나 인조 속눈썹의 사용으로 부자연스러운 듯한 느낌을 주었다.

5) 1970년 대

화장품 회사가 성장하면서 색채 화장에 대한 거부감을 없애는 캠페인을 통해 입체화장이 생활화되었다. 이 시기부터 의상의 유행이 화장에도 영향을 미치기 시작하여 1972년에 복고풍의 의복이 유행하게 되자 화장에 있어서도 복고풍이 나타났다. 1976년에는 패션과 함께 동양무드가 가미된 화장이 선보였고, 색상은 부드러우면서도 침착한 색이 주류를 이루었다. 1978년 부터 미용 캠페인의 영향으로 메이크업이 토탈패션의 한 부분으로 인식되어야 한다는 의식이 생겼으며 계절별로 봄의 입술화장, 여름은 자외선 차단, 가을은 눈화장, 겨울은 기초 피부손질에 중점을 둔 T(Time)·P(Place)·O(Occasion)·미용법이 정착되었다.

6) 1980년 대

1980 년대에는 컬러 TV의 방영으로 색채에 대한 수요가 복식과 화장에 폭발적으로 일어났고 부분적으로 수입 자유화된 선진국의 다양한 색채화장품 수입으로 소비자가 자신의 개성과 라이프스타일에 맞추어 선택하는 시대가 되었다.

1983년 이후 화장품의 수입자유화가 부분적으로 이루어졌고 1986년에는 전면 수입자유화가 되었다. 1980년 대 후반부터는 유럽의 메이크업 관련 정보가 많이 유입되어 일본보다는 유럽의 영향을 많이 받기 시작하였는데 아이섀도우 화장의 아이홀 화장 등의 기법으로 평면적인 동양인의 얼굴에 입체감을 주고자 했다.

아모레 메이크업 광고, 1983년 봄

7) 1990년 대

1990년 대에도 패션의 흐름과 더불어 메이크업이 유행을 창출하고 선도하는가 하면 라이프스타일의 변화에 따라 이성보다는 감성을 중요하게 여기게 되고 패션성이 요구되고 있다. 사회 전반에 걸친 에콜로지(ecology)의 경향으로 건강에 대한 관심과 자연보호에 대한 의식이 고조되면서 베이지, 오렌지, 브라운 계열을 중심으로 한 자연스러운 색조가 강세를 보였다.

이 시기에 특이한 현상은 각 브랜드에서 시즌마다 컬러를 제시하여 소비자로 하여금 유행을 선도해 나가는 현상을 들 수 있다. 각자의 개성이 강조되고 자유로움을 추구하는 현대인의 특징이 화장품 회사 주도 하에서 소비자가 선택하는 시대가 시작되었다.

3. 현대의 메이크업 경향

2000년 대는 모더니즘과 대별되는 포스트모더니즘이라는 문화 현상이 지속되며 시간, 지역, 계층의 구분없이 형태가 혼용, 절충되고 해체와 재구성으로 새로운 스타일이 만들어지는 특징을 지니면서 시대 흐름, 사건, 인물 등 여러 유동적 요소들에 의해 스타일의 변화는 매우 가변적이고 복합적으로 나타났다.

2000년 대에 들어 1990년 대 후반의 에콜로지 경향이 웰빙의 화두로서 피부건강에 더욱 치중하면서 아로마테라피와 유기농 화장품의 출시, 천연 화장품 및 허브 화장품에 대한 관심과 수요가 증가 하고 밝고 유쾌하고 건강한 분위기의 내츄럴한 투명 메이크업과 섹시함과 여성미를 더한 스모키 메이크업이 급상하였다. 또한 2000년 대의 공통된 경향은 빛의 이미지를 여러 분야에 강조하는 것으로 이것은 패션에서 광택 소재를 자주 사용하거나 메이크업에서 광택이나 빛의 반사의 의해 반짝거림을 강조한 질감표현으로 나타났다. 글로시(glossy), 쉬머(shimmer), 샤이니(shiny), 메탈릭(metallic) 또는 촉촉한 물기를 머금은 윤기있는 피부를 강조한 모이스춰 라이징(moisturising) 등으로 요즘 유행하는 텍스츄어를 강조한 표현어가 빈번이 사용 되었다. 반면 쇼 메이크업에는 눈을 강조하는 스모키 메이크업의 변형으로 소프트한 스모키 메이크업이 인기를 끌었다

이러한 성향을 간략하게는 '개성의 추구'라고 집약할 수 있으며 이를 바탕으로 패션, 메이크업 이외에도 디자인을 필요로 하는 모든 관련 분야에서 새로운 트렌드로 자리매김을 하는 새로운 유행성향으로 판단되어진다

메이크업의 부분별 계획

1. 얼굴 형태 분석

1) 둥근형(Round face)

2) 사각형(Square face)

3) 삼각형(Triangular face)

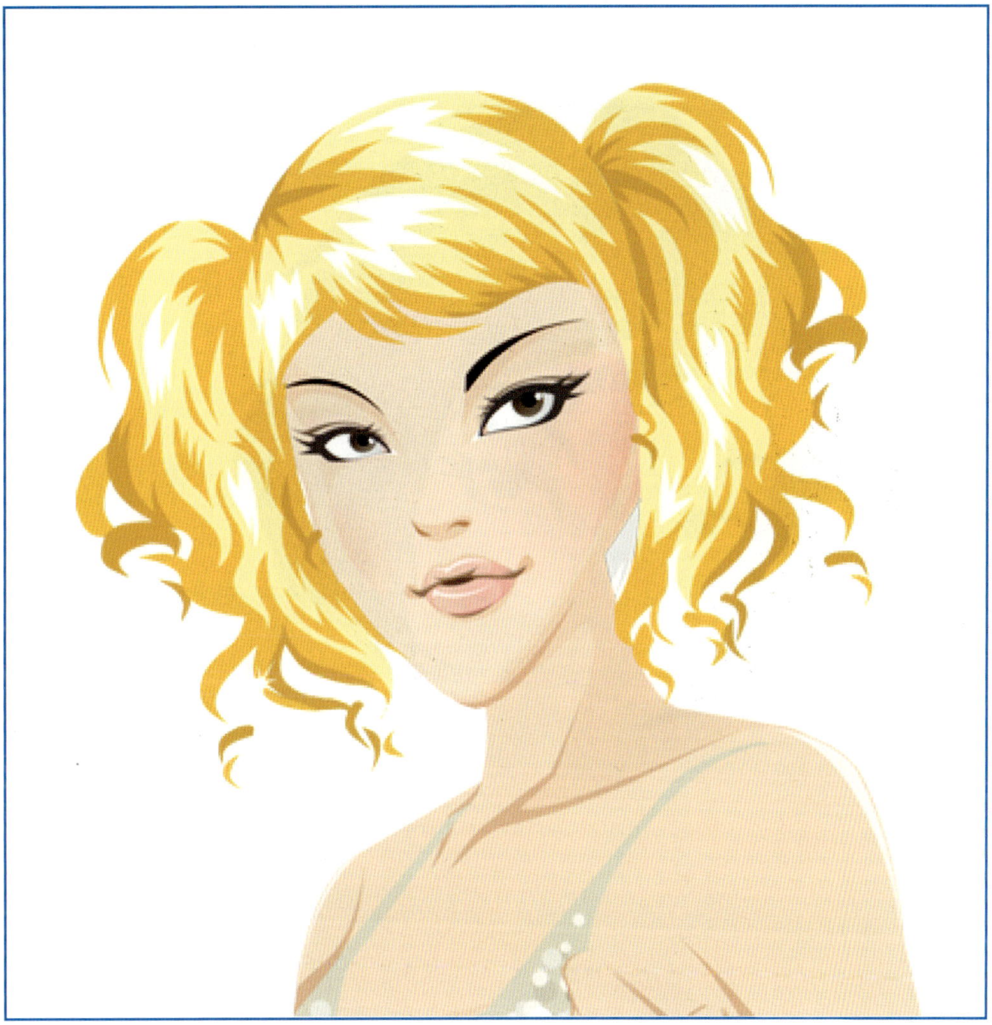

4) 다이아몬드형(Diamond face)

2. 눈 형태에 따른 메이크업

1) 큰 눈

2) 작은 눈

3) 동그란 눈

4) 긴 눈

5) 쳐진 눈

6) 올라간 눈

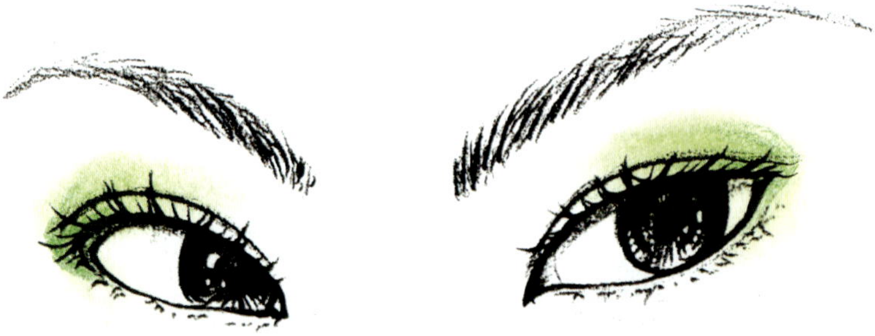

7) 눈 사이가 먼 눈

8) 눈 사이가 가까운 눈

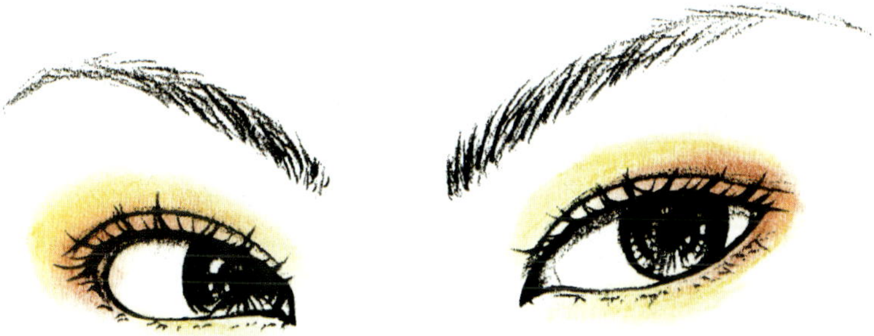

9) 외겹 눈

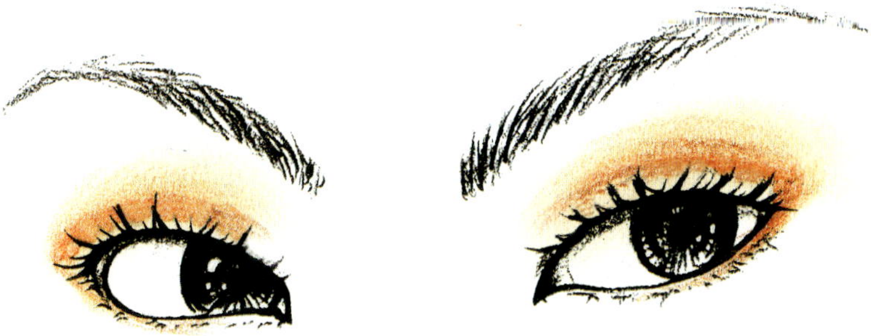

3. 차밍 메이크업

얼굴은 '영혼', '정신'이라는 뜻의 '얼'자(字)와 '통로', '움'이라는 뜻의 '굴'자(字)의 합성어로 '영혼이 통하는 곳' 또는 '영혼이 담긴 곳'이라는 뜻이다. 얼굴 이미지는 개인을 타인과 구별하는 수단이며 표현방법이다. 얼굴의 이미지메이킹은 자신과 타인에 대한 예의는 물론 사회생활에서의 성공수단이기도 하다. 자신의 이미지를 가꾸기 위해서는 자신의 피부타입, 피부 톤, 얼굴형, 눈썹 형태, 눈의 크기 및 형태, 입술의 크기 및 형태 등을 먼저 파악하고 자신이 가지고 있는 장점을 부각하고 단점을 장점화하는 노력이 필요하다. 또한 외모의 이미지를 메이킹하여 사회생활속의 대인관계를 원만히 하는 작업이 필요하다.

1) HOW TO 'NATURAL MAKE UP'

(1) 메이크업 베이스 : 그린이나 투명 메이크업 베이스를 소량으로 펴바른다.
(2) 컨실러 : 점, 기미, 눈 밑 다크서클 등 톡톡 두드려 커버한다.
(3) 화운데이션 : 소량의 리퀴드 화운데이션을 얼굴의 중앙을 중심으로 펴바른다.
(4) 파우더 : 소량의 파우더를 꼼꼼히 바른다.
(5) 눈썹수정 : 눈썹빗으로 삐져나온 부분을 쪽가위로 자르고 눈썹칼을 이용해 다듬는다.
(6) 눈썹그리기 : 회색과 갈색의 아이섀도우를 자연스럽게 섞어 붓으로 형태를 잡고 에보니를 이용해 선을 정리한다.
(7) 아이섀도우 : 눈 형태, 계절, 의상, 퍼스널컬러를 이용하여 형태 및 색상을 결정한다.
(8) 아이라이너 : 검정 펜슬을 이용하여 눈썹 사이를 꼼꼼히 메꾸어 자연스럽게 보인다.
(9) 마스카라 : 투명마스카라를 이용하여 빗질하듯 바른다.
(10) 입술 : 입술색과 가장 유사한 립라이너로 보정한 후 입술색과 유사한 색상의 립 컬러를 바르고 소량의 투명 글로스를 입술중앙에 덧바른다.
(11) 볼 터치 : 입술색과 동일계열의 색상을 이용하여 볼 뼈를 중심으로 혈색을 부여한다.

메이크업의 종류

1. 영상메이크업

영상매체 분야는 영상으로 보여지는 모든 매체 즉, TV, 영화, 광고, 사진 등 여러 분야를 말하며 카메라, 각종 기자재의 앵글을 통해 보여지는 분야이므로 전문 메이크업의 역할이 매우 중요하다.

TV 메이크업은 스튜디오의 조명이 밝고 입체적일 뿐 아니라 클로즈업을 했을 때 육안으로 너무 자세히 보일 수 있으므로 섬세하고 꼼꼼히 메이크업을 해야 한다. 머리 위 조명이 강하게 투사되므로 눈, 볼, 눈 밑 그늘 부분은 하이라이트를 많이 해줘야 한다. 윤곽수정은 이와 반대로 진하게 해주고 피부표현은 한단계 진한 색으로 해주어야 한다.

광고 메이크업은 제품이 주가 되므로 자칫 모델의 메이크업이 지나치게 강조되면 시선이 분산될 수 있다. 그러므로 광고 컨셉에 맞추어 자연스럽게 연출하는 것이 좋다.

아나운서 메이크업

TV 드라마 메이크업

2. 무대메이크업

무대메이크업은 오페라, 뮤지컬, 무용, 연극 등에서 행해지는 모든 메이크업을 말하며 무대와 관객과의 거리를 고려하여 배우의 인물창조를 목적으로 한다. 분장으로 인물의 직업, 연령, 성격, 환경 등을 가늠할 수 있으므로 대본을 먼저 파악하여 인물의 성격을 분장으로써 재디자인하여 관객으로 하여금 극의 흐름을 이해할 수 있도록 표현하는 것이 아주 중요하다. 무대와의 거리가 있으므로 다소 과장된 분장을 하지만 무조건 진하게 표현하는 것은 바람직하지 않으므로 최근에는 배우의 개성을 살려주는 정도로 자연스럽게 하는 경향을 보인다.

연극메이크업은 작품분석과 대본분석을 통해 배우와 연출가, 분장가의 상호 협의를 거쳐 인물을 재창조하는 작업이다. 예를 들어 눈썹의 두께, 길이, 미간 사이의 거리 등으로도 인물의 성격, 환경 등을 표현할 수 있다. 피부톤은 강한 조명에서도 견딜 수 있도록 다소 두껍게 표현하고 강한 윤곽, 강한 음영 등 관객이 잘 보일 수 있도록 한다.

오페라메이크업은 무대가 화려하고 웅장하므로 입체적인 분장이 되도록 음영과 하이라이트 부분을 강조하고 윤곽은 뚜렷하고 강하게 표현하며 땀등에 얼룩지지 않도록 화운데이션을 꼼꼼히 펴바른다.

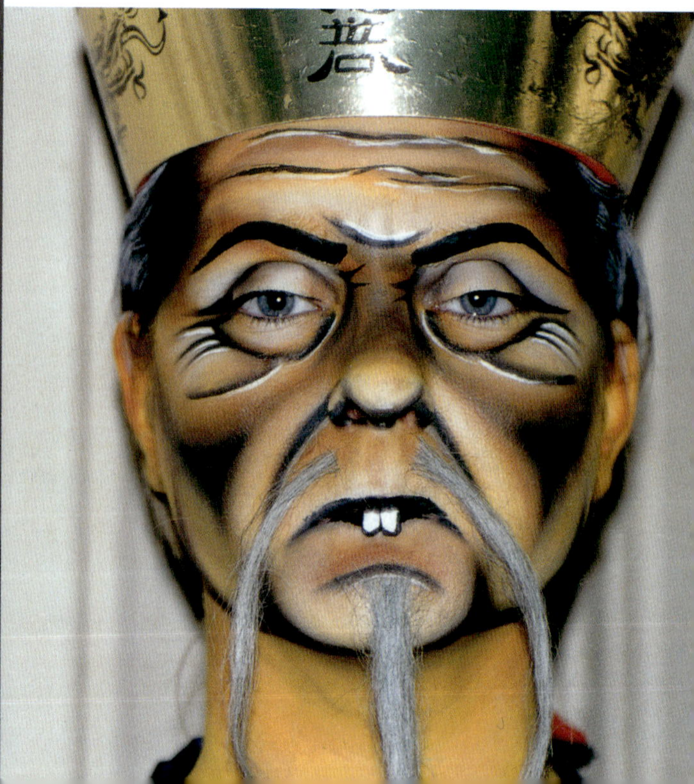

3. 아트메이크업

아트메이크업이란, 입체적인 얼굴의 형태를 이용하여 아름다운 문양을 그려넣음으로써 인체의 아름다움을 메이크업으로 표현하는 아트의 한 형태이다. 작품의 문양은 자연물, 상상속의 이미지, 추상적 이미지 등 다양한 문양을 미리 패턴에 옮겨그림으로써 도안을 구성하여 얼굴 및 신체에 화장품 등을 이용하여 표현한다. 환타지메이크업, 페이스페인팅, 바디페인팅 등 주로 무대 위나 이벤트 등의 행사에서 활용도가 높은 메이크업의 전문적 테크닉이 요구되는 분야이다.

환타지메이크업이란, 얼굴을 흰 도화지로 생각하고 눈, 코, 입의 활용도를 높여 슈프라 컬러, 아쿠아 컬러 등의 특수제품을 이용하여 화려하고 아름답게 표현하는 메이크업이다.

바디페인팅은 메이크업의 최고 테크닉을 요구하는 분야로서 독특하고 전문적인 창작 아트분야로 손꼽힌다. 패션쇼, 광고, 이벤트성 무대 등 상업적인 활용도가 아주 높으며 생명력이 짧으므로 그 가치도 아주 높다. 독특하고 창의적인 도안 및 메이크업 테크닉, 모델의 워킹, 무대조명, 음악 등 모든 요소가 조화롭게 어우러져야 빛을 발하는 종합예술이다.

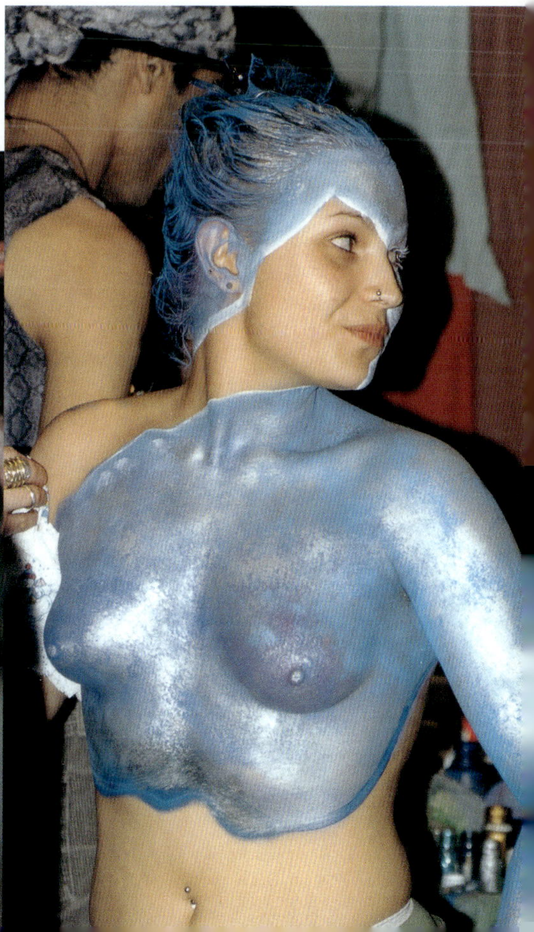

4. 특수메이크업

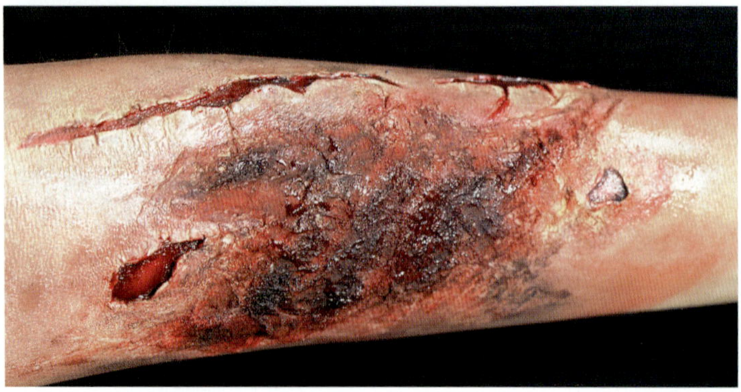

5편

코디네이션(COORDINATION)

코디네이션의 이해

1. 의상아이템과 코디네이션

현대 사회는 다원화되어감에 따라 자신의 독특한 개성을 표현하는 다양한 아이템이 개발되고 있다. 다양하고 독창적이며 자신을 잘 표현할 수 있는 패션 아이템은 원만한 대인관계와 활발한 사회활동을 위해 모든 사람들의 관심사가 되고 있다.

코디네이션(Coordination)이란 '통합 · 작용 · 기능의 일치 · 조정'이라는 뜻으로 두 가지 이상의 아이템들을 통합, 조화시키는 것이다. 변화하는 패션에 대응하면서 인간 전체의 종합미를 만들어내는 일로서 연출에 의해 개인의 개성을 표현하며 이미지를 새롭게 창출하는 것을 목적으로 한다.

1) 색상에 따른 코디네이션

두 가지 이상의 색상으로 서로 돋보이게 하거나 조화시킴으로써 전체적인 효과를 상승시키는 코디네이션 방법이다.

2) 소재에 따른 코디네이션

소재감에 의한 균형과의 조화를 의미하는 코디네이션 방법이다.

3) 문양에 따른 코디네이션

서로 다른 문양을 가지고 조화롭게 표현해줌으로써 의외의 효과를 기대하게 하는 코디네이션 방법이다.

4) 아이템에 따른 코디네이션

의복의 아이템, 즉 재킷, 스커트, 블라우스, 스웨터 및 팬츠 등을 각각 서로 다르게 조화시켜 입음으로써 개성적인 표현을 가능하게 하고 착용자 자신의 감각으로 연출해 볼 수 있는 코디네이션 방법이다.

2. 패턴 코디네이션

의복에 있어 문양은 모티프와 패턴으로 나뉘어지는데 모티프란 문양을 이루는 기본단위를 말하며 패턴은 모티프가 모여서 이루는 문양의 형태를 말한다. 크기, 배열, 형태 등에 따라 시각적 효과를 다르게 하여 체형과 이미지를 창조하는데 효과적으로 쓰이고 있다.

자연물, 인공물 등을 그대로 묘사하는 방법, 전통 프린트를 그대로 패턴으로 활용하는 방법, 물결모양 처럼 추상적으로 표현하는 방법, 스트라이프(stripe), 도트(dot), 체크(check) 등을 굵기, 간격, 등에 따라 다양한 형태로 표현하는 기하학적 패턴 등 여러 가지 방법이 있다.

패턴배열 방식에 따라 가로나 세로로만 배열하는 1 방향, 상하 또는 좌우의 두 방향에서 서로 같은 패턴을 갖는 2 방향, 상하 또는 좌우방향에서 같은 효과가 나타나도록 배열하는 4 방향 코디네이션 방법, 그 밖에도 중심배열, 가장자리배열 등이 있다

코디네이션 방법

1. 플러스원(Plus-one) 코디네이션

1) 보조연출의 플러스 원 코디

2) 의외성의 플러스 원 코디

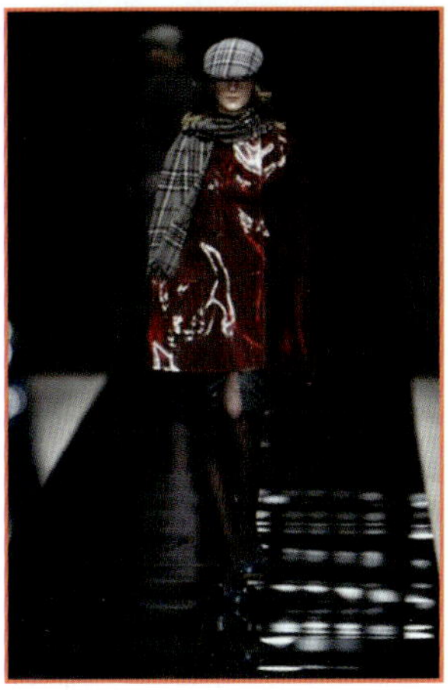

2. 토탈(Total) 코디네이션

1) 시각적 토탈코디

2) 감각적 토탈코디

3) 코트매칭 코디

3. 크로스오버(Cross-over) 코디네이션

1) 형태에 의한 크로스오버 코디

2) 소재에 의한 크로스오버 코디

3) 감각에 의한 크로스오버 코디

체형에 따른 코디네이션

1. 삼각형 체형

어깨와 가슴 폭이 힙보다 좁고 허리의 아래 부분이 크고 넓은 형태를 지닌 체형으로 상의를 풍성하게 표현하여 시선을 위로 유도하여야 한다. 넓은 칼라나 어깨장식, 포켓, 프릴, 플리츠 등을 이용한 블라우스나 셔츠류가 좋으며 힙을 덮는 긴 길이의 하프재킷이나 하이웨이스트 투피스 등이 좋다.

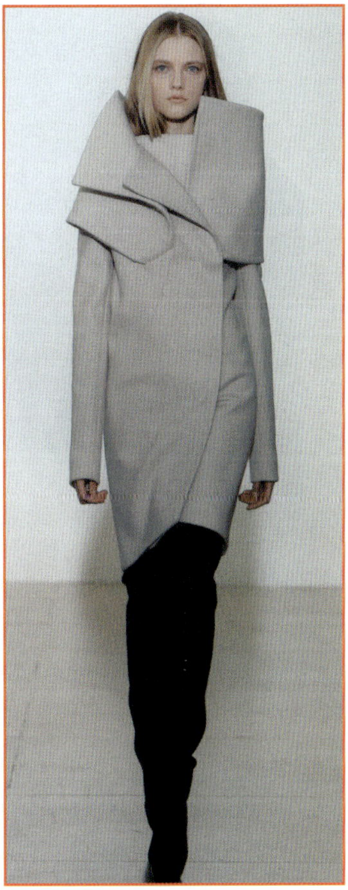

2. 역삼각형 체형

어깨, 등, 가슴의 너비는 넓고 허리아래 부분의 너비가 좁은 체형으로서 상반신은 작아보이게 하고 하반신은 커보이도록 한다. 심플한 디자인의 상의로 로우 웨이스트나 브이(V)네크라인의 셔츠가 좋으며 상의는 수축색으로 짙은 컬러, 하의는 팽창색인 밝은 컬러 등이 좋다.

3. 직사각형 체형

전체적으로 둔탁하고 남성적인 이미지의 체형으로서 허리라인이 정확하지 않다. 부드러운 실루엣이 나타날수록 보완하여야 하며 허리를 자연스럽게 표현해주어야 한다. 소프트한 질감의 원피스 블라우스, 플레어 스커트가 좋다.

4. 타원형 체형

전체적으로 둥근 형태의 체형으로서 가슴, 허리, 힙 등이 크고 배가 많이 나온 체형이므로 세로선을 활용하여 키가 커 보이도록 하는 것이 좋다. 장식이 없는 심플한 디자인의 롱 원피스나 하이 웨이스트나 로우 웨이스트의 스커트나 팬츠가 좋다.

부위별 체형결점에 따른 코디네이션

1. 키

키가 너무 클 경우는 상의와 하의가 붙어있는 원피스는 피하며 투피스의 컬러나 텍스츄어를 다르게 코디네이션하거나 벨트를 하는 것이 효과적이다. 광택이나 부피감이 있는 재질감과 가로방향의 선을 활용하면 좋다. 키가 작은 사람의 경우 시선을 세로로 유도하기 위해 심플한 디자인의 원피스가 좋으며 소프트한 재질감의 텍스츄어를 선택한다.

키가 큰 체형

키가 작은 체형

2. 어깨

어깨가 지나치게 넓을 경우는 어깨나 가슴위쪽의 장식은 피하며 세로선등을 잘 활용하면 좋다. 어깨폭이 좁고 경사진 사람의 경우 네크라인을 짧은 보우트 형으로 하며 투피스의 컬러나 텍스츄어를 다르게 코디네이션하거나 벨트를 하는 것이 효과적이다. 광택이나 부피감이 있는 재질감과 가로방향의 선을 활용하면 좋다.

어깨가 넓은 체형

어깨가 좁은 체형

3. 목

목이 짧으면 V-네크라인 등으로 목을 드러내는 방법을 선택해야 하며 목이 지나치게 길어서 조화롭지 못할 경우에는 하이네크라인이나 터틀네크라인 등으로 보완하면 좋다.

목이 긴 체형

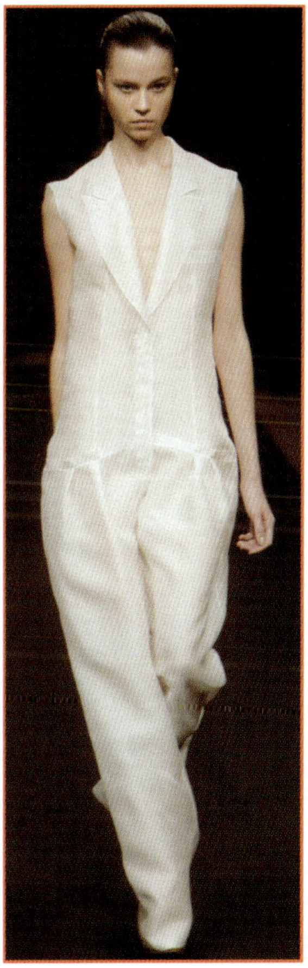

목이 짧은 체형

4. 팔

팔이 굵은 사람의 경우 7부 소매나 긴 소매로 커버하는 방법이 좋으며 반팔소매 끝에 프릴 등의 장식이 있으면 강조되므로 좋지 않다. 팔이 지나치게 가는 사람의 경우 퍼프소매나 벨 형의 소매 등으로 보완하며 광택이 있는 소재나 프릴, 샤링 등의 풍성한 장식 등을 활용하면 좋다.

팔이 굵은 체형

5. 가슴

가슴이 큰 사람의 경우 V-네크라인, 오픈칼라, 셔츠칼라가 좋으며 니트 등의 가슴라인이 드러나는 의상은 피하는 것이 좋다. 가슴이 빈약한 경우 속옷으로 보정을 하며 겉옷은 장식이 있는 디자인이나 큰 패턴을 이용하여 빈약함을 보완하는 것이 좋다. 빳빳한 재질감이나 부피감이 큰 의상을 착용하는 것도 좋은 방법이다.

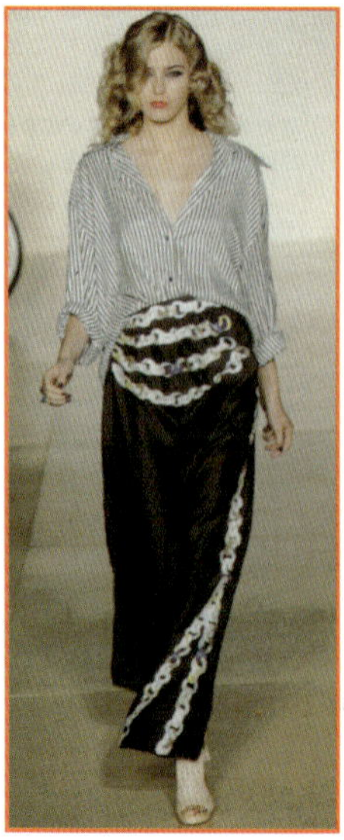

가슴이 큰 체형

가슴이 작은 체형

6. 허리

허리가 굵을 경우 허리선을 덮는 형태가 좋으며 하이웨이스트나 팬츠는 굵은 허리를 강조하므로 피하는 것이 좋다. 부드러운 소재로 된 3~4cm의 동일컬러의 벨트를 사용하는 것이 좋다.

허리가 굵은 체형

허리가 긴 체형

7. 힙

큰 힙의 경우 힙을 가리는 상의나 A-라인의 스커트, 배기팬츠 등이 좋다. 상의는 밝은 컬러로 하의는 짙은 컬러로 배색하면 힙을 작아보이게 할 수 있다. 힙이 납작한 체형은 힙라인 주위에 여유있는 개더스커트나 플리츠 스커트 등을 선택하거나 힙에 스카프나 랩 스커트 등을 장식하는 것도 좋다.

힙이 큰 체형

힙이 작은 체형

8. 다리

대퇴부가 굵은 사람의 경우는 플레어스커트나 배기팬츠 등이 좋고 스트라이프 선을 활용하는 것이 좋다. 종아리가 굵은 경우 긴 길이의 스커트나 팬츠로 연출하는 것이 좋고 종아리의 가장 굵은 부위를 가릴 수 있어야 한다.

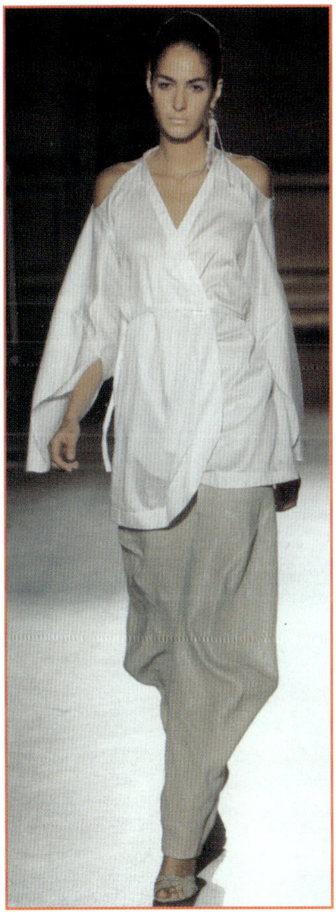

종아리가 굵은 체형

다리가 굵은 체형

9. 배

배가 나온 체형은 여유있는 개더스커트 등으로 보완해주고 긴 재킷으로 배를 가려주는 것이 좋다. 뒤에 고무밴드가 있는 큐롯 스커트나 플리츠 스커트는 배가 더욱 나와보이므로 피하는 것이 좋고 수축되어 보이는 컬러를 이용하는 것이 좋다.

배가 나온 채형

6편

네일아트(NAIL-ART)

네일아트의 역사

네일(Nail)은 '못을 박다', '징을 박다'는 의미로 의학용어로는 오닉스(onyx)라고 한다. 최초 네일의 역사는 기원 전 3000여 년 전 이집트에서 발생되었다. 고대 이집트인들의 헤나를 이용하여 검정과 빨강색으로 손톱을 장식한 모습이 발견되었고 중국인들은 벌꿀과 계란 흰자를 이용하여 아라비아의 고무나무를 이용하여 현대의 모습을 가진 'polish'가 등장한다.

고대 이집트와 바빌로니아 시민들은 그들의 손톱을 빨간색과 검정색으로 채색해 온 것으로 알려져 있다. 이것은 크레오파트라와 같은 왕족에서부터 남자 군인들에 이르기까지 모든 사람을 포함했다.

중국인들은 폴리쉬를 최초로 만들었고, 금으로 도금한 골무로 아름답고 길게 길이를 연장했다.

매니큐어의 어원은 라틴어의 "손"을 의미하는 manus와 "손질하다"를 의미하는 cura에서 비롯한다.

고급 창부들과 수녀들의 손은 꾸밈은 없지만 있는 그대로의 잘 가꾸어진 모습을 보여준다.

중세시대에는 전쟁터에 나가는 군인들이 염료를 이용하여 입술, 손톱에 채색을 하였고 17C인도 여성들은 네일 매트릭스(nail matrix)에 바늘을 이용하여 물감을 주입하여 자신의 신분이 상류층임을 과시하는 수단으로도 사용하였다. 19C부터 일반인에게 대중화되어 1885년에는 에나멜의 주재료인 니트로셀룰로우즈를 개발하였고 1892년 미국에서는 네일아티스트가 하나의 직업군으로 인정받게 되었으며 1925년에는 에나멜 시장이 본격화되면서 1930년 오늘날의 에나멜이 등장하게 되었다. 우리나라에서는 1989년 이후 네일샵이 오픈되면서 대중에게 친숙하게 되었으며 미용학과의 새로운 학문으로 인정받게 되면서 많은 네일 아티스트를 전문인으로서 양성하게 되었다.

MANICURE라는 용어는 'Manus(손)'과 'Cure(돌보다)'라는 뜻의 합성어로 패션의 마무리 역할을 해주면서 자아존중감과 대인관계에서의 좋은 이미지를 가져다 주는 패션의 한 개념으로 자리잡았다.

액상 폴리쉬의 대중화와 더불어 시술의 새로운 테크닉은 곧 뒤따라 왔다.

네일위생

1. 손톱의 이해

손톱은 피부기관의 주요기관으로서 전문용어로 오닉스(Onyx)라고 하며 표피의 각질층이 변하여 형성된 α-케라틴이라는 섬유단백질 성분으로 겹겹이 구성되어 있으며 두께는 약 0.5mm~0.7mm이다. 수분함유량은 12~18%이며 지방은 0.15%~0.75% 존재한다. 손톱이 나빠지는 원인으로는 유전 등 선천적 원인과 후천적으로 매트릭스에 상처를 입었거나 도구의 미숙한 사용, 기타 여러 가지 원인 등이 있다. 건강한 손톱은 부드럽고 매끄러우며 광택이 있고 투명한 핑크색을 띠며 세균에 감염되어 있지 않아야 한다. 손톱의 네일베드에 손상을 받았거나 부적절한 식습관, 잘못된 화학제품의 사용, 감염, 유전, 질병 등으로 인해 손톱은 비정상상태가 될 수 있으며 언제나 모든 도구들과 기구들은 사용 전 반드시 소독을 생활화하며 고객의 손톱에 이상이 있을시 반드시 알려 치료를 적극적으로 권유하는 등 생활 속에서 손톱의 상태를 늘 점검하는 습관이 필요하다.

2. 손톱의 구조

손톱의 구조는 손톱과 손톱 밑, 손톱주변의 피부 구조로 구분할 수 있다.

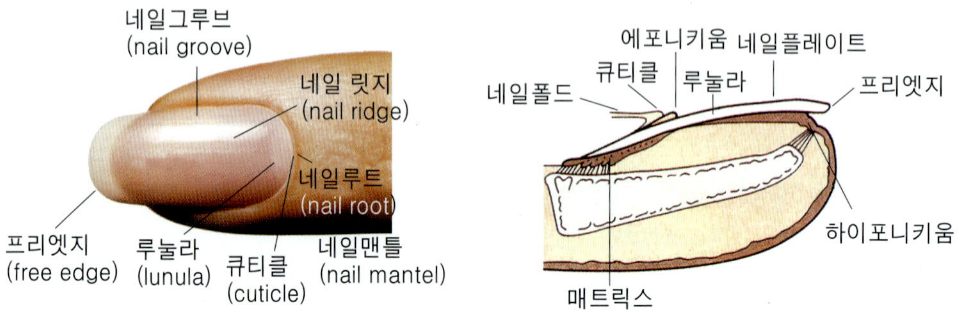

그림 26-1 손톱의 구조

(1) 손톱

① 네일바디(Body of Nail, Plate, 조체, 조판)

손톱자체를 말하며 네일베드의 보호작용을 하고 케라틴으로 구성되어 있다.

② 네일루트(Root of Nail, 조근)

손톱의 자라나는 곳이며 손톱 베이스 피부 밑 5mm 깊이에 위치한 얇고 부드러운 조직으로 새로운 손톱세포를 형성한다.

③ 프리엣지(Free Edge, 자유연)

손가락 끝으로 자라나와 있는 손톱의 끝부분으로서 수분이나 지방질이 적기 때문에 부스러지기 쉽다.

④ 스트레스 포인트(Stress Point)

네일바디가 베드에서 떨어져 나가기 시작하는 양단의 포인트이다.

(2) 손톱 밑

① 네일베드(Nail Bed, 조상)

네일바디를 지탱해주며 모세혈관과 신경조직이 분포하여 신진대사와 수분공급의 역할을 한다.

② 매트릭스(Matrix, 조모)

네일루트와 함께 손톱이 성장하는 곳으로 손톱각질세포의 생산과 성장을 조절하고 혈관, 신경, 림프관이 분포하고 있다. 손톱의 심장이라 불리우며 손상을 입으면 성장에 장애가 생길 수 있다.

③ 루눌라(Lunula, 반월)

네일 바디의 시작부에 있는 완전히 케라틴화 되지 않은 유백색의 반달모양의 부분을 말한다.

(3) 손톱주변의 피부

① 큐티클(Cuticle, 조소피)

손톱뿌리로 병균이 직접 침투하는 것을 막아주는 손톱 주변 피부를 말한다.

② 네일폴드(Nail Fold, 조주름)

네일루트가 묻혀있는 손톱의 베이스에 피부가 접혀있는 것을 말한다.

③ 네일그루브(Nail Groove, 조구)

네일베드의 양 측면에 좁게 패인 홈을 말한다.

④ 네일 월(Nail Wall, 조벽)

네일 그루브와 붙어있어 손톱과 네일루트를 보호하는 손톱의 피부를 말한다.

⑤ 에포니키움(Eponychium, 상조피)

표피의 연장으로서 손톱의 베이스에 있는 피부의 가는 선을 말하며 루눌라를 부분적으로 덮고 있다.

⑥ 페리오니키움(Perionychium, 조상연)

손톱주변 양 옆 피부를 말한다.

⑦ 하이포니키움(Hyponychium, 하조피)

후리엣지 밑 부분의 피부, 손가락 끝부분의 살이다. 박테리아의 침입으로부터 손톱을 보호한다.

3. 감염 및 위생

네일 아티스트는 서비스를 하는 동안 위생에 철저하지 못하게 되면 자신은 물론 고객에게도 심각한 질병을 일으켜 건강의 위협을 받을 수 있다. 여러 가지 박테리아, 바이러스, 진균, 곰팡이, 기생충 등으로 부터 감염되기 쉬우며 에이즈 바이러스(HIV) 등의 생명을 위협하는 등의 다양한 병원균으로부터 보호하기 위해 평소 손톱위생에 관한 질병의 정확한 감염경로 및 감염의 종류, 감염예방 등의 수칙 등을 익혀두어야 한다. 감염이란 체내 조직에 박테리아나 바이러스, 진균과 같은 발병원인이 되는 미생물이 침입하는 것을 말한다. 체내에 서식하면서 성장, 번식하며 결국 치명적인 위협을 가져온다.

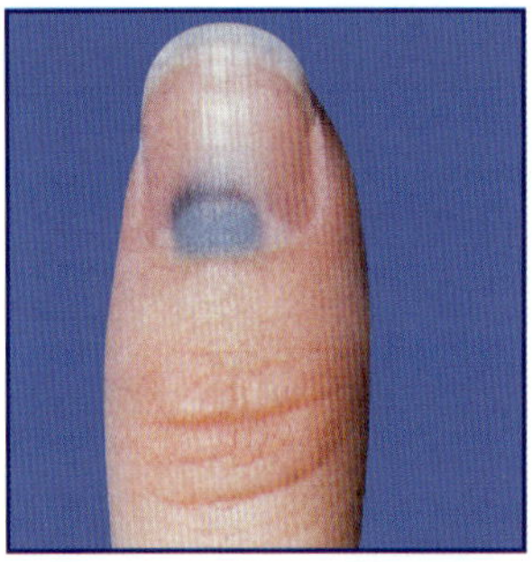

멍든손톱(Bruised nail)

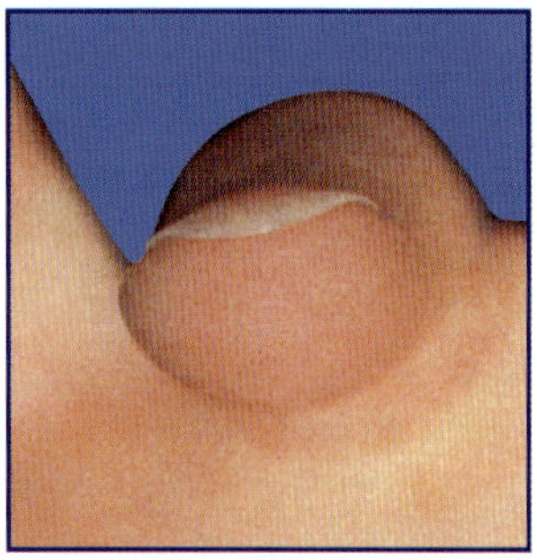

계란껍질 손톱(Eggshell nail)

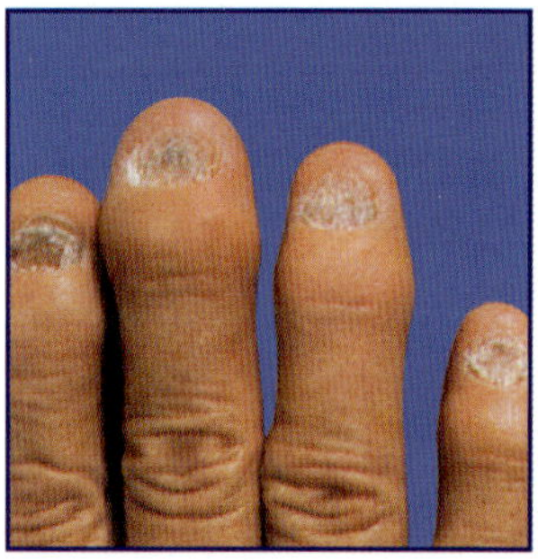

오니케트로피아(Onychaatyopia)

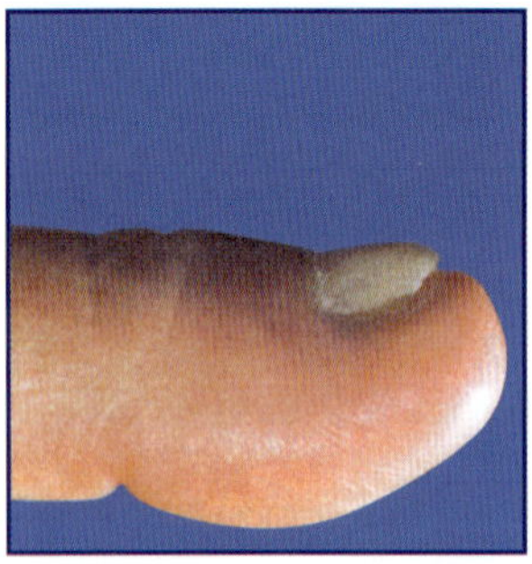

오니콕시스(Onychauxis)

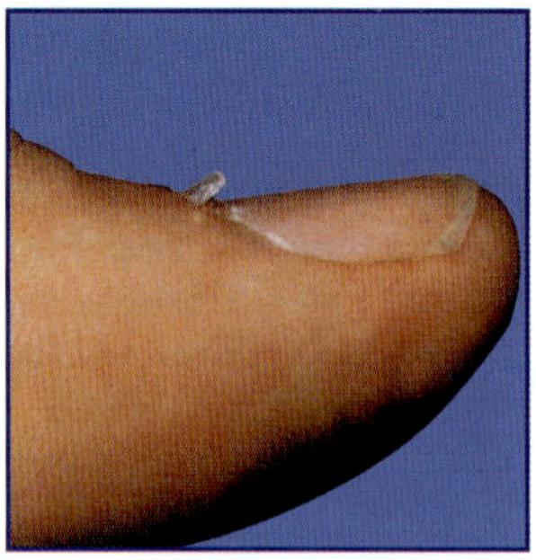

행네일(Agnail)

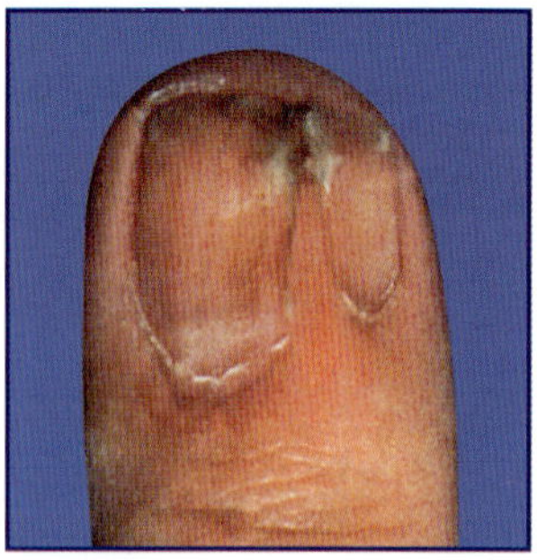

테리지움(Pterygium)

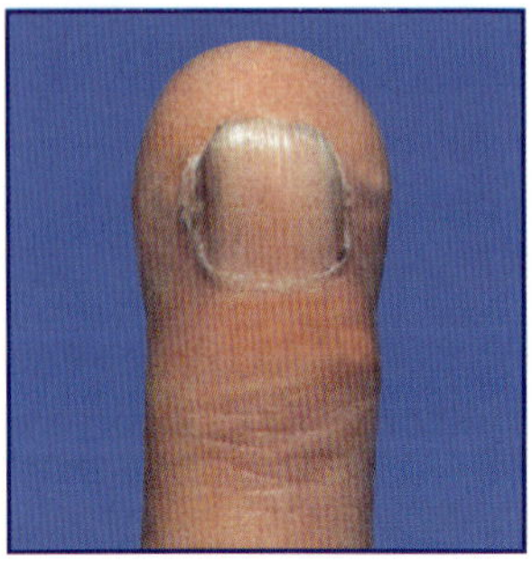

오니코크립토시스
(Onychocrypyosis)

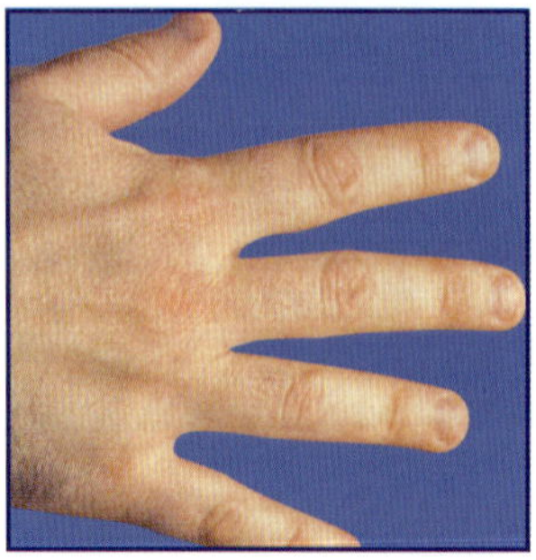

오니코화지(Onychophagy)

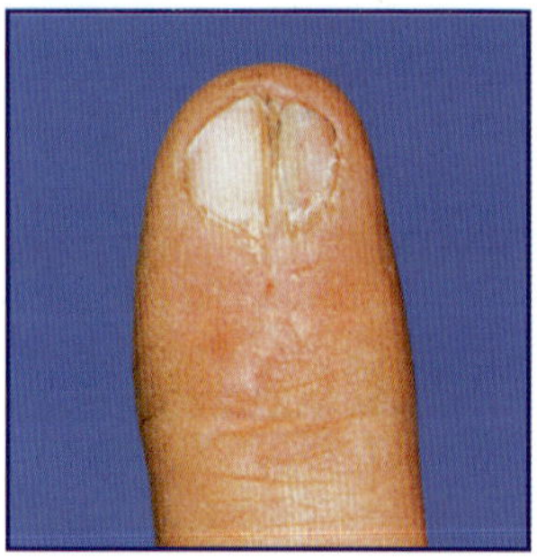

오니코렉시스(Onychorrhexis)

네일서비스

1. 습식 Manicure

습식 Manicure이란, 손톱주위의 각질을 제거하기 쉽도록 손 끝을 물에 담근 후 손톱 표피를 손질하는 방법을 말한다.

손의 청결과 마사지를 비롯하여 컬러링(coloring) 및 팁 시술 전에 시술하는 가장 기본적인 원리를 말하며 대중적인 시술이다.

1) 재료

그림 27-1 네일 재료

(7) 큐티클 제거하기(오일바르기 → 푸셔 → 니퍼)

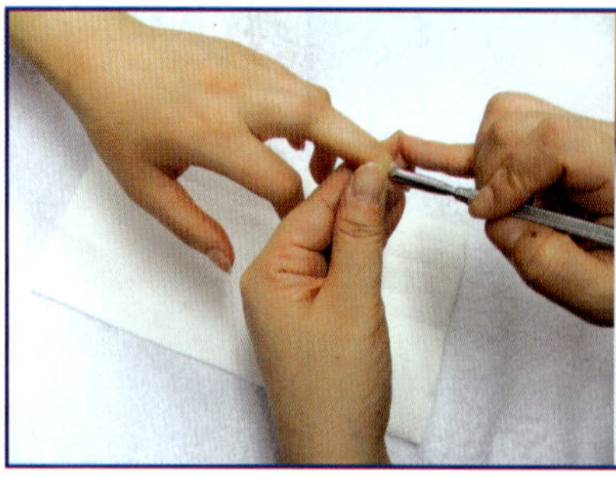

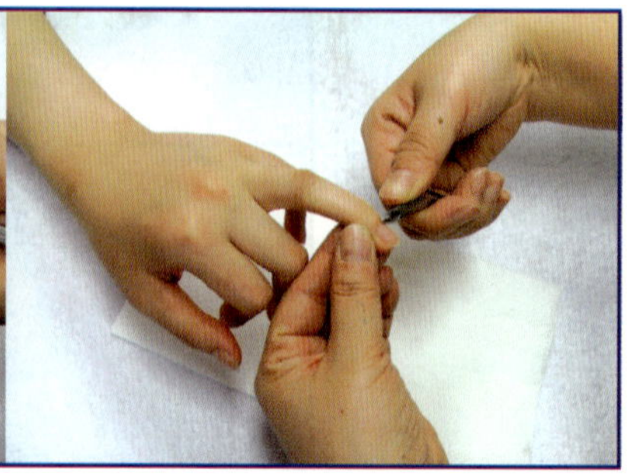

(8) 손 소독하기

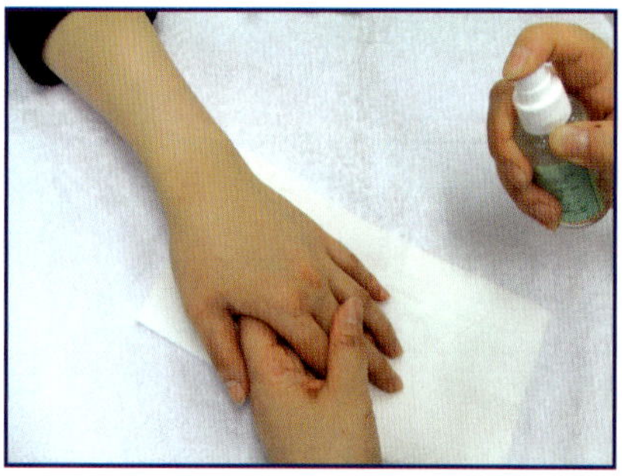

(9) 손 마사지

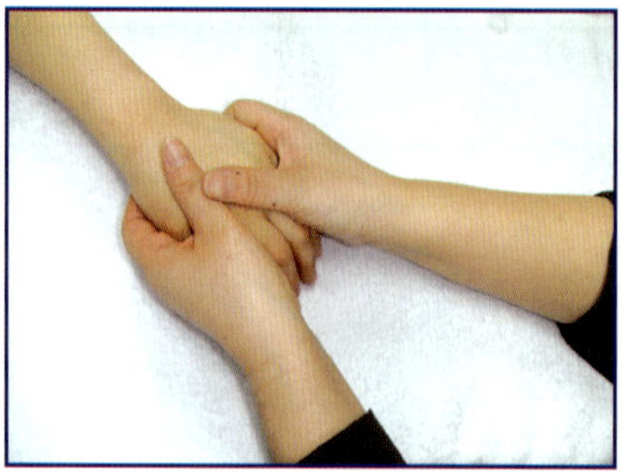

(10) 컬러링

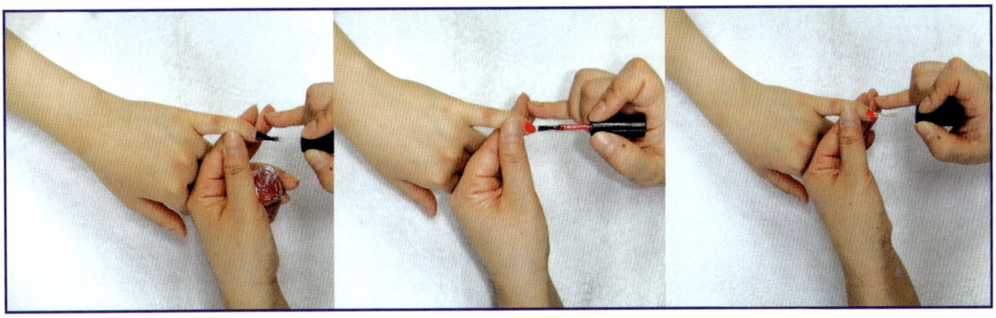

네일아트 작품의 예

1. 네일아트 작품

2. 재미있는 글

1) 서양 미인의 조건(이탈리아의 경우)

(1) 키가 커서 굽이 있는 신발을 신지 않을 것
(키를 커 보이게 하기 위해 높은 굽이 달린 신발을 신었다)
(2) 지분(脂粉)을 쓰지 않을 것
(3) 얼굴이나 피부가 하얗거나 장밋빛일 것
(4) 어깨가 넓을 것
(5) 허리가 가늘 것
(6) 입이 예쁠 것
(7) 대화내용이 매혹적일 것
(8) 금발머리일 것

2) 동양미인의 조건(조선시대의 경우)

(1) 탐스러운 흑모(黑毛)
(2) 피부는 눈같이 희고 뺨은 붉어야 한다
(3) 넓은 이마에 하관이 발달해야 한다
(4) '팔(八)자' 눈썹에 곡선의 부드러움
(5) 두 눈은 빛나고 작아 표정이 드러나지 않으며 시원하고 맑아야 한다.
(6) 코가 작아 인상이 부드러워야 한다.
(7) 입술은 붉고 이는 하얗고 입이 작아 단정해보여야 한다.
(8) 삼백(三白 : 얼굴, 치아, 손), 삼홍(三紅 : 볼, 입술, 손톱), 삼흑(三黑 : 머리, 눈썹, 눈동자), 삼장(三長 : 목, 다리, 손가락), 삼소(三小 : 얼굴, 허리, 발)

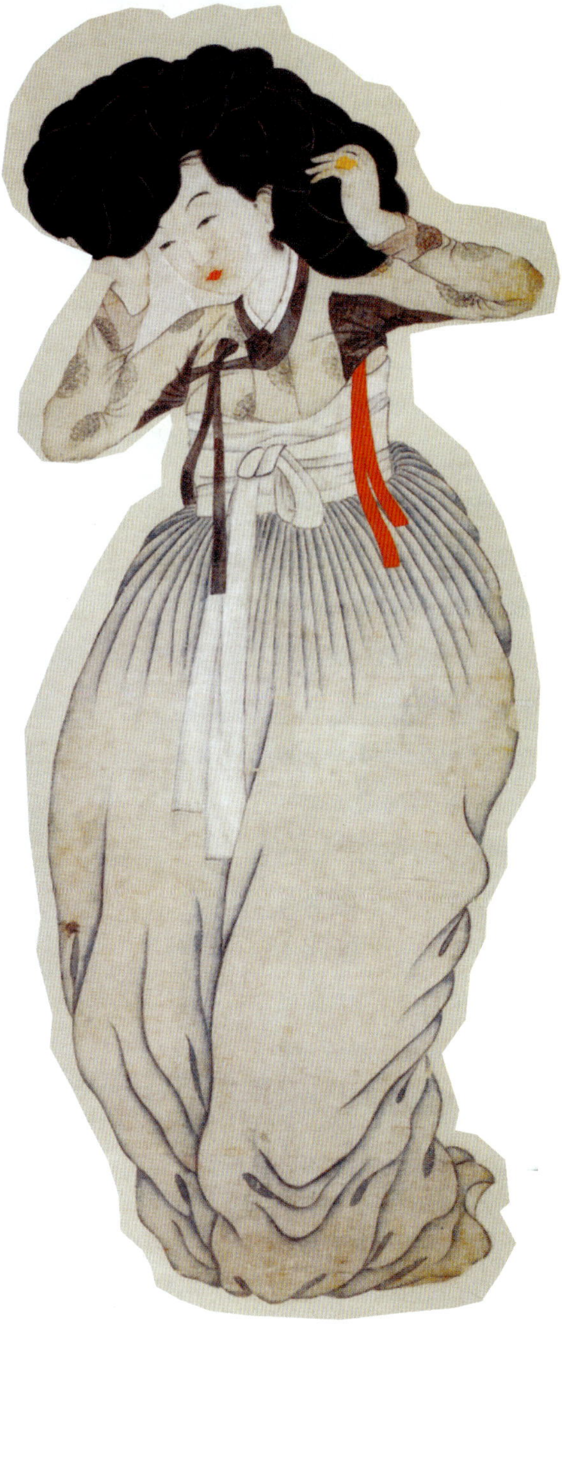

3) 매니큐어(Manicure)

라틴어인 '손(Manus)' + '손질(Cura)' 의 합성어로서 1880년에 '매니큐어 미용사' 라는 뜻으로 사용되었고 7년 후인 1887년에 '손과 손톱의 손질' 이라는 뜻으로 사용되었다. [웹스터사전]을 보면 "손과 손톱의 손질 또는 손이나 손톱을 각각 손질하는 것"이라는 뜻으로 나와있다. [옥스퍼드 그림 사전]에는 "손과 손톱을 손질하는 전문직 또는 손과 신체에 매니큐어를 칠하는 것"이라고 명시되어 있다.

4) 색채의 기원

가장 오래된 색채의 기원은 약 1만 5천 년 전 구석기 시대의 동굴벽화에서 나타났다.

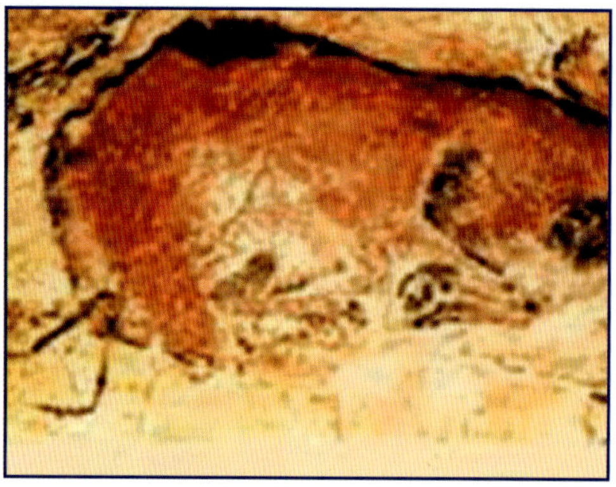

상처입은 들소 (동굴화)
알타미라 B.C 15,000~10,000년 경

5) 캣츠 분장

뮤지컬 캣츠는 우리에게 널리 알려져 있는 4대 뮤지컬로서 독특한 분장법은 분장가들에 의해 끊임없는 관심의 대상이 되고 있다. 분장법을 소개하고자 한다. 오리지널 캣츠 작품 자료집, 또는 고양이의 실제 사진을 구하여 성격과 특성에 맞는 얼굴에 표현을 해본다. 헤어스타일을 표현하는 가발, 의상, 그 외 도구들도 준비한다. 고양이의 특징은 입주위가 돌출된 듯이 하이라이트로 표현해주고 극의 성격에 따라 눈썹 모양, 수염 모양, 털의 모양들을 다르게 디자인하여 얼굴에 도안을 그린 후에 분장용 도란이나 라이닝컬러, 아쿠아 컬러 등으로 칠해준다.

6) 유능한 코디네이터(Coordinator)의 요건

(1) 새로운 이미지를 창출할 수 있는 감각과 기술이 있어야 한다.

(2) 풍부한 감성이 요구된다.

(3) 자신만의 구성력과 표현 테크닉이 있어야 한다.

(4) 패션산업의 흐름을 읽을 수 있는 안목과 마케팅지식 및 기획력이 있어야 한다.

(5) 패션전반에 관한 폭넓은 상품정보가 밑받침될 때만이 코디네이터의 역할이 가능하며 디자이너 경력이나 패션비즈니스계의 현장경험이 필요하다.

• 자기를 아름답게 하려는 것은 동서고금을 막론하고 변함없는 여자의 본능이다 - M. 버봄 -

• 손은 제 2의 얼굴

"손의 근육은 입과 눈을 별도로 하면 인간의 의지를 신체의 다른 어떤 부분보다도 신속하게 표현한다, 따라서 손은 얼굴과 마찬가지로 그 사람의 성질이나 버릇, 직업의 간판과 같은 것이며 그 이유로 제 2의 얼굴로 불리고 있다"

헨리 T. 핑크 [낭만적인 연애와 신체의 아름다움] (영국, 1887)

찾아보기

「ㄱ」

「ㄴ」

「ㄷ」

「ㄹ」

「ㅁ」

「ㅂ」

「ㅈ」

「ㅊ」

「ㅋ」

「ㅌ」

「ㅍ」

「ㅎ」

INDEX

참고문헌

한국복식문화 2000년 조직위원회, 우리옷 이천년 미술문화, 문화관광부.
곽형심 외, 미용문화사, 청구문화사.
곽형심 외, color, 청구문화사.
권구정 외, 메이크업 아이콘, 청구문화사.
권태신 외, 미용학개론, 청구문화사.
김광옥, 피부과학, 청구문화사.
김광옥, 피부미용학, 청구문화사.
김연주, 여드름이야기, 청구문화사.
송미영 외, 뷰티색채학, 청구문화사.
이숙자 외, 헤어 창작론, 청구문화사.
이윤정 외, MAKE UP IDEA, 청구문화사.
전선정 외, 미용미학과 미용문화사, 청구문화사.
정년구 외, BLOW DRY and IRON, 청구문화사.
최영희 외, 기초 커트, 청구문화사.
최영희 외, 모발학, 청구문화사.
최영희 외, C.C.C. 헤어드라이, 청구문화사.
한명숙, 마뀌아쥬 예술, 청구문화사.
김용선 외, 미용색채, 광문각.
장선일 외, 미용학개론, 광문사.
황문건 외, 미용학개론, 내하출판사.
신화남 외, 미용학개론, (주)도서출판 명성.
김성남 외, 미용학개론, 고문사(KMS).
오지영 외, 최신 미용학 개론, 훈민사.
심정묘, 림프드레나지, 정담미디어.
최태부, 피부학, 정담미디어.
하성이 외, 모발과학 및 관리학, 도서출판 청람.
이복자 · 문재원, Upstyle step by step, 미디어 뷰.
신지현 외, 신미용학개론, 수문사.
신지현 외, 신미용학개론, 수문사.
김광옥 외, 네일아트, 지구문화사.
Devenez une pro du maquillage, Stefano Auselmo, 1999, Les Nouvelles Esthetiques

미용학개론

2010년 3월 1일 초판인쇄
2010년 3월 10일 초판발행

지은이, 서은혜 · 심정묘 · 이영미 · 최영희 · 하성이
펴낸이, 이상태
펴낸곳, 청구문화사
편 집, 박휘연
주소 : 120-831 서울특별시 서대문구 연희 1동 436-1
전화 : 02)332-0541(代) FAX : 02)337-9577
등록 : 1990년 11월 2일 제9-247호

가격 28,000원

ISBN 978-89-5616-378-9 93590